JIS Q 27001:2023対応

ISO/IEC 27001
情報セキュリティ
マネジメントシステム(ISMS)
構築・運用の実践
【第2版】

羽田卓郎 [著]

日科技連

まえがき

　本書では、情報セキュリティマネジメントシステム（Information Security Management System：以下 ISMS と記述）の構築の考え方とその手法について、筆者の ISMS 構築コンサルティング歴 20 年において、延べ 100 件以上の ISMS 認証取得支援の経験をもとに具体的な事例を含めて解説している。

　筆者は、2002 年に日本で ISMS 認証制度が正式に発足した当時から、ISMS に関する教育・研修及びコンサルティングを行うとともに、ISO/IEC JTC 1 SC 27/WG 1 の国内委員会（日本で ISO/IEC 27000 シリーズの規格開発と改正を審議）へ JNSA の日本 ISMS ユーザーグループからリエゾンとして参加し ISO/IEC 27001：2022 の改正にもかかわっている。

　ISO/IEC 27001：2013 から ISO/IEC 27001：2022 への改正にあたり、箇条 4〜箇条 10 の本文に関しては、SC 27/WG 1 では ISMS 固有の改正は行わず、MSS 作成者への手引きである「ISO/IEC 専門業務用指針第 1 部　統合版 ISO 補足指針附属書 SL の Appendix 3（規定）上位構造、共通の中核となるテキスト、共通用語及び中核となる定義」の最新版の内容[1]を反映するため必要最小限の改正となっている。

　管理策に関しては、ISO/IEC 27001：2013（JIS Q 27001：2014）の発行から 9 年という年月が過ぎたため、これまでの規格の課題点の解決や、陳腐化した要求事項についての改正が行われている。大きな改正としては、管理策の 3 層構造（分類、管理目的、管理策）が、2 層構造（分類、管理策）に変更され、これまでの 14 分類が「人的、組織的、物理的、技術的」の 4 分類に変更となったうえで、管理目的を廃止してすべての管理策が 4 つの分類のもとにフラットに配置されたが、ISMS 構築としてはリスクアセスメントの中で考慮することにな

---

1 ）　MSS 共通テキスト（統合版 ISO 補足指針附属書 SL の Appendix 3 の共通の中核となるテキスト）の箇条 4 から箇条 10 に関する要求事項の改正部分はごく限定的で、要求事項の理解を促進するための記述の変更が主体である。

iii

る。

　したがって、本書が解説する ISMS 構築の考え方とその手法に大きな影響はないが、MSS 共通テキスト改正に伴う新しい要求事項の反映、及び新管理策の要求に基づくリスク対応検討への反映を行っている。また、過去 9 年間の ISMS 構築及び認証取得のコンサルティングから得られた知見をもとに、ISMS 構築の考え方とその手法の説明を論理的でわかりやすくなるよう見直している。

　ISMS を構築するには規格要求事項への適合が求められるが、規格要求事項の箇条の順番が、ISMS の構築手順を示すものではなく、具体的な手順を示す記述もないため、規格要求事項に準拠した ISMS 構築に際し規格要求事項を箇条の順番に読んだだけでは、どのような手順で構築作業を進めればよいかを理解することが困難である。そこで、ISMS の規格解説書とは別に、規格要求事項に適合し、ISMS の構築・運用手順の枠組みを基本とした解説書を提供することとした。

　本書は、ISMS を構築・推進する事務局の方はもとより、トップマネジメント（CEO、CISO 他）、部門責任者、ISMS 推進者、ISMS コンサルタント、ISMS 審査員の方を読者として想定している。それぞれの立場で、ISMS の構築と認証取得の意義、トップマネジメントの関与の必要性、ISMS 推進事務局の役割、ISMS 要求事項と構築手順の関係の理解と知識を深めていただきたい。

　なお、本書は、ISO/IEC 27001：2022 の要求事項を解説することが目的ではないため、要求事項に関する解説は姉妹書の『ISO/IEC 27001 情報セキュリティマネジメントシステム (ISMS) 規格要求事項の徹底解説【第 2 版】』を参照されたい。

　また、内部監査に関しては、本書の解説には詳細な手順や様式は記述していないため、同じく姉妹書の『ISO/IEC 27001 情報セキュリティマネジメントシステム (ISMS) 内部監査の実務と応用【第 2 版】』を参照されたい。

　2023 年 12 月

羽田卓郎

目　　次

目　次

第 *1* 章
ISMS 構築の薦め

　ISMS 構築の必要性と認証取得の意義について、ISMS が必要とされるようになった歴史的経緯と、リスク評価に関する各種理論と概念及び、国際規格である ISO/IEC 27001：2022 との関連を含めて解説する。

　また、**第 1 章**以降の文中で「ISMS の XX」という記述における「ISMS」は、「ISO/IEC 27001：2022 に適合した情報セキュリティマネジメントシステム」という意味で使用する。

　なお、本書は、ISO/IEC 27001：2022 の規格要求事項に適合した ISMS の構築と運用の考え方と手法を解説するもので、以下のような構成にしている。

- **第 1 章**：ISMS 構築の必要性についての説明
- **第 2 章**：ISMS 構築におけるトップマネジメント（経営陣）の役割と責任及び ISMS への積極的関与の必要性に関する考え方
- **第 3 章**：ISMS における情報セキュリティの基本概念とリスク対策の考え方
- **第 4 章〜第 7 章**：ISMS 構築手順とその考え方
- **第 8 章**：ISMS 運用手順とその考え方
- **第 9 章**：ISMS 認証登録手順とその考え方

1.1　なぜ ISMS を導入(構築)すべきなのか

(1)　「情報・知識の時代」から「超スマート社会の時代」へ

　現代は「情報・知識の時代(**図表 1.1**)」といわれているが、**図表 1.1** のように世界はこれまでいくつかの大きなパラダイムシフト(変革)を経験してきた。原始的生活の時代から、18 世紀以前の農業の時代、18 世紀から 19 世紀の軽工業の時代、20 世紀の重工業の時代、そして 21 世紀の「情報・知識の時代」へと大きな変革を経験してきている。

　情報・知識の時代は、1980 年代に始まったといわれているが、その変革のスピードは目覚ましいものがあり、「情報・知識の時代」以前の大変革は、100 年から 200 年の歳月をかけてゆっくりと進んできたが、「情報・知識の時代」は、情報化時代と呼ばれた 1980 年代からわずか 30 年ほどで一気に進んできている。

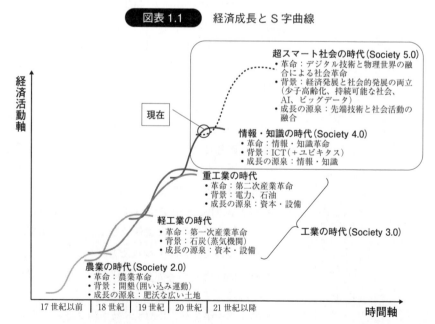

図表 1.1　経済成長と S 字曲線

出典)　総務省:『平成 19 年版情報通信白書』[9] (http://www.soumu.go.jp/johotsusintokei/whitepaper/)、内閣府:「Society 5.0」[10] (https://www8.cao.go.jp/cstp/society5_0/index.html)をもとに作成

　そして、現在ではすでに情報・知識の時代は転換点に来ているともいわれ始め、日本では国が目指すべき未来社会の姿として「Society 5.0(超スマート社会)」が提唱されている。

　情報・知識の時代では、2000 年代初頭に一般化したインターネットは約 20 年で急速に普及し、2022 年には約 9 割の人が何らかの形で利用するようになった。

　最初はパソコンでの利用が中心であったが、2010 年代後半からは、スマートフォンやタブレットなどのモバイル端末が急速に普及し 2021 年には、日本国内のインターネット利用者の約 8 割がスマートフォンを利用しており、パソコンを使って利用している人は約 5 割に減少している。ただし、日本国内のパソコン出荷台数は、2015 年に 1,000 万台、2020 年には 1,600 万台と増加しておりパソコンの利用そのものが減ったのではなく、スマートフォンなどの利用者が急速に増加したためパソコンによるインターネット利用比率が下がったものと考える。

　このように、インターネットの利用がパソコン中心からスマートフォンなどの多様なデバイスへと移行した経緯は、モバイル端末の普及と機能性の向上、およびクラウドサービスなどのデジタルサービスの多様化と拡大によるものであり、個人の生活を含む社会活動全体がインターネットを利用するデジタル社会へと移行しつつある。

　総務省が提唱する情報・知識の時代の次に来る新しい時代の「Society 5.0(超スマート社会)」[10] は、人工知能(AI)、ビッグデータ、IoT(Internet of Things)、ロボティクスなどの先端技術が高度化してあらゆる産業や社会生活に取り入れられ、社会のあり方そのものが劇的にそして不連続的に変わる可能性を秘めているとしている。

　そのような世界では、あらゆるものがデジタル化されたサイバー空間(仮想空間)につながり、知識・情報の共有が行われることになる。また、AI を組み込んだ自動運転やロボット、IoT、仮想現実、生成 AI による情報収集や分析サービスなどさまざまな技術的サービスによって、交通、医療、農業、上下水道、港湾、通信、電力・エネルギーなどの社会的インフラを含むさまざまな分野で社会的問題の解決と経済的発展を目指すことになる。

　しかし、サイバー空間とフィジカル(物理)空間が密接に連携することで、こ

れまでにないデジタル化社会が出現することになるが、一方でサイバー空間からの影響が、個人や組織の単位ではなく地域や業界という単位に拡大する可能性が高くなるということでもある。

このように、サイバー空間とフィジカル空間が不可分の関係に移行することで、サイバー攻撃の脅威も高まっている。サイバー攻撃の影響がフィジカル空間にも及ぶことで、人々の生命や財産、社会インフラなどに被害が及ぶ可能性がある。例えば、行政サービスや民間サービスの受付、提供、支払いなどがすべてサイバー空間で行われるようになれば、サイバー攻撃によって社会システム全体の機能低下や崩壊につながったり、人命にかかわる事故を誘発してしまったりする事態が発生する可能性がある。

(2)　サイバー空間を共有する責任

情報セキュリティインシデントによる機密性、完全性、可用性の喪失を防ぐのは個々の組織の責任であり、ISO/IEC 27001 に基づく ISMS の構築も各組織がそれぞれの責任で行っている。

これまでは、自分の組織の情報セキュリティインシデントが他の組織に影響する可能性は低かったが、Society 5.0(超スマート社会)の時代になると、サイバー空間を共有する組織のインシデントが他の組織のインシデントにつながる可能性が高くなる。最近の事例では以下のような脅威が考えられる。

①　サプライチェーン攻撃

自分の組織と直接的な関係がない第三者の組織やシステムを経由して、自分の組織に攻撃を仕掛けるため、自分の組織が利用しているソフトウェアやハードウェアの開発元や提供元が攻撃されて、その製品にマルウェアが仕込まれたり、不正な更新プログラムが配信されたりすることで、自分の組織も被害を受ける可能性がある。

代表的事例は、2020 年 12 月に発覚したサプライチェーン攻撃で、SolarWinds 社製ネットワーク管理ソフトウェア「Orion」へのサイバー攻撃である。攻撃者は SolarWinds 社の開発環境に侵入し、Orion の更新プログラムにマルウェアを混入させた。その後、Orion を利用している組織が更新プログラムを適用することで、攻撃者はその組織のネットワークに侵入し、情報を盗んだり改ざんしたりしたため、世界中の多くの政府機関や企業に影響を

及ぼすことになった(Orion を導入した約 18,000 組織が被害に遭った)[11] [12]。

② 標的型攻撃

標的型攻撃とは、特定の組織や個人を狙って長期間にわたって行われる攻撃で、攻撃者はさまざまな手段を用いて、標的となる組織や個人の情報や弱点を探り、その組織や個人と関係のある他の組織や個人も攻撃対象として選択する。例えば、標的となる組織や個人と取引関係や協力関係にある他の組織や個人に対しても、電子メールやウェブサイトなどを通じてマルウェアを送り込んだり、情報を盗み出したりすることで、最終的に標的となる組織や個人への攻撃を成功させようとする。

代表的事例は、2021 年 5 月に起きた標的型攻撃で、米国の石油パイプライン大手コロニアル・パイプライン社がランサムウェアによる攻撃を受け、すべてのパイプラインを一時停止する事態に陥った。この攻撃は、ロシア系の犯罪集団ダークサイド(DarkSide)が行ったもので、同社のネットワークに侵入してデータを暗号化し、身代金と引き換えに復号すると要求した。この攻撃により、同社だけでなく、東海岸のガソリン供給にも大きな影響が出た[13]。

以上のように、サイバー空間を共有する組織が攻撃を受けた場合[1]、攻撃された組織だけでなくサイバー空間を共有する(又は接続している)組織も攻撃されてしまい、攻撃された組織のサービス停止によって利用者が被害を受ける場合がある。もし、自分の組織は、情報セキュリティインシデントによって情報が漏えいしたり、情報システムが停止したりしても大きな影響はないとして ISMS の構築を怠り、結果としてサイバー攻撃によって不正侵入されサイバー空間を共有する他の組織への攻撃を許してしまうことは、組織としての社会的倫理観を問われるかもしれない

ISMS は、基本的に自組織の適用範囲内の情報を保護することを目的とするため、自組織が原因となって他組織が被害を被ることを防止することは想定していないが、現在のようにサイバー空間の共有が拡大し、フィジカル空間との

---

1) IPA の「情報セキュリティ 10 大脅威 2023」では、1 位がランサムウェアによる被害であった。2 位はサプライチェーンの弱点を悪用した攻撃で、3 位が標的型攻撃による機密情報の窃取である。

融合が進む状況においては、自組織の情報セキュリティにおけるぜい弱性が、他組織、ひいては社会にとってのぜい弱性になる可能性を理解する必要がある。

（3）　自分の身は自分で守り他者の脅威にならないようにする

「狩猟の時代」から「農業の時代」への転換では、農業の耕作地及び耕作する人間の囲い込みが重要となり、「工業の時代」への転換では、資源や工場及び生産のための労働力を手に入れることが重要となった。それを実現するためには、武装した軍隊で自国の権益を保護し、拡張する必要があり、強大な力をもった国が他国を制圧し、植民地化するということも行われた。「情報・知識の時代」では、依然として農業時代及び工業時代から続く権益の保護ということも重要であるが、新たに、情報の保護という課題が持ち上がった。

情報は、紙やフィルム、磁気ディスク、フラッシュメモリなどといった物理的媒体だけでなく、電話やインターネットなどの通信という目に見えない媒体を使い、国境を越えたやり取りが行われるため、「情報・知識の時代」以前のように、国家が武装した軍隊で保護したり、略奪したりできないという特徴がある。また、インターネットの世界には、「表現の自由、通信の秘密」という基本原則があり、一部の独裁国家の通信制限を除けば、犯罪を目的とした内容でなければ自由に世界に向けて情報を発信したり入手したりすることができる。

インターネットは "World Wide Web" と表現されるように、世界中に網の目に張り巡らせたネットワークを相互に接続し、網の目の一部が破壊されても、迂回路が1つでも残っていれば通信が可能となるため、きわめて安定した通信が可能である。ここで問題になるのは、インターネットに接続されている ICT 機器(PC、サーバ、スマートフォン、タブレットなど)に対し、世界中のどこからでも、誰でもアクセスが可能であるという環境そのものである。

ICT 機器にアクセスする場合、必ずしも相手の IP アドレスをあらかじめ知っている必要はなく、ウェブサイトの URL から相手を特定したり、マルウェアのように不特定多数の相手にネットワーク経由でばらまいたり、電子メールに添付することも可能である。

近年では、ウェブサイトそのものを偽装したり、企業のウェブサイトを改ざんし、偽装ウェブサイトに誘導したり、企業のウェブサイトに悪意のあるコードを埋め込んだりする場合もある。

　このように、インターネットに国境はなく国家がウェブサイトの安全を保障することはできないため、インターネットに接続し有効に活用するには、自分自身で通信の安全を確保する必要がある。

　1990 年代前半のインターネットの初期段階では、コンピュータウイルスの製造は、自分の技術を誇示したり、世間を騒がせたりすることが目的であり、詐欺や金銭の要求などを目的としたものではなかった。

　1990 年代後半では、コンピュータウイルスは、マクロウイルスやワーム、トロイの木馬、スパイウェアなどと多様化し、感染経路もウェブサイト、電子メール、CD、USB メモリなど、さまざまな媒体を通して急速に広がりパンデミックの様相を呈するようになったが、まだ金銭的利益を目指したものは少なかった。2000 年代に入ると、明らかに金銭的利益を目的とした、個人情報の詐取や脅迫などが増加し、インターネットを利用した犯罪ビジネス化が進んでいる。また、2010 年代に入ると、大規模組織が、政治的な意図を込めて行うサイバーテロと呼ばれる攻撃も出現し、単純なコンピュータウイルス対策や、不正アクセス対策では防ぎきれなくなってきている。

　図表 1.2 は、日本国内のインターネットに接続された各種機器のぜい弱性の

図表 1.2　サイバー空間におけるぜい弱性探索行為等の観測状況（1 日・1IP アドレス当たりの件数の推移）

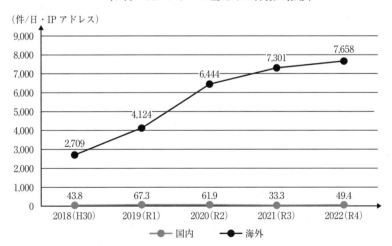

（件/日・IP アドレス）

出典）　警察庁：「令和 4 年におけるサイバー空間をめぐる脅威の情勢等について」[14]、図表 20、2023 年 3 月 16 日を筆者が一部改変

探索行為を検知したデータで、1 日の 1IP アドレス当たりの探索行為の検知件数である。このように、海外からの探知が 1 日 7,600 件以上という中で、日本語という天然の障壁があったとしても、付け込まれるぜい弱性があればあっという間に不正アクセスの餌食になっても不思議ではない。サイバー空間における脅威は拡大を続けているため、サイバー空間を利用する組織は、それぞれが保有する情報や、情報システムを保護するために最大限の努力を要する時代となっている。

　さらに、2022 年に OpenAI が開発した対話特化の大規模言語モデルである ChatGPT が登場し、2023 年には同様の Chat 型 AI(以降、ChatAI と呼ぶ)が次々と開発されつつある。

　ChatAI は、「コミュニケーションの効率化」「知識やスキルの向上」「創造性や表現力の発揮」といた効果が見込める半面、単純作業やルーチンワークなどの低付加価値な仕事は AI によって置き換わり、人間は、AI を活用する高度な判断力や創造力、感性などの高付加価値な仕事にシフトする(労働市場の再編)可能性がある。すでに、教育現場や行政機関では ChatAI の試験的利用を推進する動きが広がっており、ChatAI の利便性への理解が広がれば不可逆的な活用が定着する可能性は高い。

　そして、ChatAI は自然言語だけでなく、プログラミング言語も理解し、生成することができるため、AI の活用によって誰でもコンピュータウイルスの作成や不正アクセスツールの作成などが容易にできてしまう。また、画像の生成も高度なレベルで行うことができるため、顔認証システムなどの生体認証データ偽造のリスクも高くなっている。このため、これまでは「人間の能力」という限界が存在したが、これからは「人間 +AI」によって限界は AI の能力次第ということになり、高度な技術による高速で大規模なサイバー攻撃が増加することも懸念されるため、組織は ISMS 構築によって自分自身をしっかり守ると同時に、サイバー空間を共有する他組織への影響を最小限にすることが望ましい。

(4)　ヒューマンファクターに留意する

　相変わらず高い脅威となっているのが、標的型攻撃であるが、攻撃の初期段階は情報の収集が目的である。その後、収集した情報をもとに標的(対象組織

の従業員)にウイルスを添付した電子メールを送り込み、バックドアを構築し、本格的な攻撃へと移っていくのである。

　この初期段階での防御の要になるのは人間であり、適切な対応を講じていれば攻撃を受けにくい状況を作り出すことが可能となる。しかし、AI がソーシャルエンジニアリング[2]行為によって、ウェブサイトや SNS などからターゲットの個人情報や関係者情報を収集し、なりすましや誘導などの攻撃に利用することで、大規模かつ高速に展開される可能性がある。また、AI はターゲットの反応や状況に応じて攻撃手法を変化させることもできるため、検知や防御が困難になる可能性がある。

　AI によるソーシャルエンジニアリングに対しては、常に警戒心をもち、不審な連絡や要求には応じないよう要員に徹底することが重要になってくる。しかし、このような攻撃を完全に防御することは困難であるため、システム的な検知対策や、情報を外部に流出させないための出口対策などを組み合わせた網羅的な対策が必要となる。

　サイバー攻撃以外の原因による情報セキュリティ事件・事故の現状では、報告又は摘発された事件・事故のほぼ100％が人的要因で引き起こされている。人的要因で引き起こされた事件・事故の原因は「人」の不注意、ミス、出来心、怠慢、欲、感情など、本人の自己責任であると指摘される場合が多い。

　しかし、そのために、教育、訓練、注意、警告、指導、罰則などの対策を強化しても、人による事件・事故が起きてしまうという結果がしばしば引き起こされている。

　ISMS の運用において、情報セキュリティを組織に定着させるには、教育・訓練、職場における指導、内部監査、罰則の周知などが有効とされているが、長年 ISMS の運用を行っている組織でも、ISMS の継続的な改善を確立させることの困難さに直面している。

---

2)　ソーシャルエンジニアリングは、人間の心理的な隙や行動のミスに巧妙につけ込み、ターゲット組織への不正アクセスに必要な情報を収集する攻撃で、技術的なぜい弱性を突くのではなく、人間の弱点を利用しパスワードなどの機密情報を入手する詐欺的な手口である。代表的な手法に、なりすまし電話、ショルダーハッキング(覗き見)、トラッシング(ゴミ箱あさり)、フィッシング(電子メールによる偽サイト誘導)などがある。

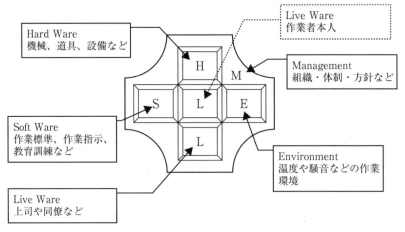

図表1.3　ヒューマンファクターについてのm-SHELモデル

Live Ware
作業者本人

Hard Ware
機械、道具、設備など

Management
組織・体制・方針など

Soft Ware
作業標準、作業指示、
教育訓練など

Environment
温度や騒音などの作業
環境

Live Ware
上司や同僚など

出典）　m-SHELモデルは、航空業界のヒューマンファクターに起因する事件・事故を分析するために用いられている手法で、英国人エドワーズが発案し、KLMのホーキンズが完成させた。さらに、河野龍太郎氏らがm-マネジメントを追加したものである。

　日本ISMSユーザーグループによる研究でも、一般に有効とされている改善策を実施するだけでは解決できない問題や課題があり、「人」への直接的な働きかけだけでは限界があるとして、**図表1.3**で紹介するm-SHELモデルのように、ヒューマンファクター理論[3]を踏まえた要因分析による対応が必要であるという結果となっている。

　ISMSでは、「人」に対する対策はもちろん必要であるが、人間は誰でも、ミス、勘違い、思い込み、忘却、欲、感情などによって、事件・事故を起こす可能性をもっているため、教育や指導だけで「人」の行動を管理しようとしてもうまくいくことはない。

　ヒューマンファクターは、本来、ヒューマンエラー（過失）を減少させるための理論であるが、情報セキュリティの分野では、「故意（悪意）」による事件・

3）　ヒューマンエラーを原因ではなく、事象として捉え、その原因として捉えるべきなのは、ヒューマンエラーを起こした本人だけでなく、設備・道具、教育・訓練、組織・体制、職場環境、人間関係などの、人を取り巻く環境であるとした考え方である。

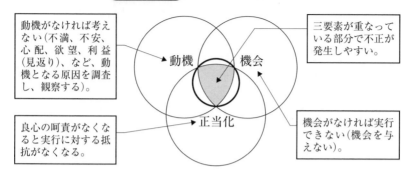

図表 1.4　不正のトライアングル

動機がなければ考えない（不満、不安、心配、欲望、利益（見返り）、など、動機となる原因を調査し、観察する）。

三要素が重なっている部分で不正が発生しやすい。

良心の呵責がなくなると実行に対する抵抗がなくなる。

機会がなければ実行できない（機会を与えない）。

ISMS 推進事務局の悩みはさまざまだが、課題、問題の起きる背景を分析し、人的要素を考慮した、ヒューマンファクターの観点でものごとを整理すると、有効な対応策が得られる可能性が高くなる。

注）　D. R. クレッシーが実際の犯罪者を調査して導き出した「不正のトライアングル」理論をもとに作成

事故の発生の防止にも留意する必要がある。

　そこで、ヒューマンファクターの要素を検討するうえで、犯罪行為に目を向ければ、人は**図表 1.4** のように、動機、機会、正当化の 3 つの要素が揃うことによって、不正行為を犯しやすくなるという「不正のトライアングル」理論が有力な考え方となる。

　この理論によれば、動機、機会、正当化のいずれかの要素が揃わなければ不正が発生する可能性が減少するため、防止したい不正の内容によって、3 要素のいずれか、若しくは複数の要素に対する対策を講じることで不正行為を防止することが可能となるとしている。

　不正のトライアングルの考え方は、ISMS とも関連の深い内部統制のフレームワークである COSO（the Committee of Sponsoring Organization of the Tread way Commission）の 2017 年版に、不正リスクを評価する際に、不正のトライアングルの 3 要因（動機・プレッシャー、機会、正当化）を考慮することを推奨している。

　なお、不正のトライアングルには、「技術」の面が考慮されていない（自分のもつ技術で実行可能な環境があると考えれば「機会」に含まれるということも

図表 1.5　不正のスクエア

動機がなければ考えない(不満、不安、金銭的悩み、欲望、利益(見返り)、など、動機となる原因を調査し、観察する)。

四要素が重なっている部分で問題が発生しやすい。

機会がなければ実行できない(機会を与えない)。

自己正当化と逃げ道がなければ実行し難い(監視、検知の仕組みと、記録、報告の徹底を行う)。

技術がなければ実行できない(高度な技術で防御するか、管理者以外には変更できない仕組みとする)。

動機　機会

正当化/逃げ道　技術

不正のトライアングルは、米国の犯罪学者である D. R. クレッシーが、人間(犯罪者)の心理面を研究して導き出した理論だが、情報セキュリティの面から見ると、トライアングル理論に、「技術」や「逃げ道」などを追加することで、より効果的にインシデントを防止できる可能性がある。

考えられる)が、情報セキュリティでは、動機、機会、正当化に加えて「技術」を入れた不正のスクエア(**図表 1.5**)を考慮したい。また、正当化には、「逃げ道」[4]という考え方を追加することにより、効果的な対応策を導入できる。

(5)　ISMS導入の薦め

　ISMS は「マネジメントシステム標準」であり、「ICT 技術標準」ではない。どんなに優れた ICT 技術の情報セキュリティ対策を講じたとしても、マネジメントシステム(PDCA サイクルをモデルとした管理システム)がなければ、有効に機能するのは一時的であり、時間の経過とともに陳腐化しリスクが増大することは避けられない。

　また、「ICT 技術」は購入できる(情報セキュリティに関するハードウェア、ソフトウェア製品が多数存在する)が、「マネジメントシステム」は自分自身で

---

4)　例えば、不正が見つからないだろう、発覚しないだろう、知られないだろう、などである。

構築するほかはない。仮に、同じ業種・業態の組織であっても、組織の戦略や、利害関係者、組織の形態、組織の文化などは決して同じではないため、汎用的なマネジメントシステムを購入し、そのまま自組織に適用しようとしても有効に機能することは望めない。

　ICT技術を始め、組織が情報セキュリティのための各種対策を有効に維持・運用するためには、ISMSの導入が不可欠なのである。

(6)　ISMS構築の意義

　(1)〜(4)項に記述したように、高度に発達した情報の大衆化時代において、多大なダメージを与える可能性のあるインシデント(事件・事故)から組織を防衛するために、情報セキュリティを構築し、維持・改善することは大変困難な作業である。

　ISMSは、単なる情報セキュリティ対策集ではなく、変化し続ける内外の環境に合わせて、継続的に情報セキュリティを維持・改善する力を組織に与えるものであり、組織は、ISMSを導入することによって、今後発生する未知の状況にも迅速に対応できる情報セキュリティ基盤をもつことが可能となる。

　ISMSには、管理策として、ヒューマンファクター的要素の一部も要求事項として用意されているが、具体的な実施内容は組織が判断し採用しなければならない。

1.2　情報セキュリティにおける機会とリスクの関係

　ISO/IEC 27001：2022の箇条6.1.1では、対処する必要のあるリスク及び機会を決定することが求められている。この「リスク」と「機会」は、切り離して考えるものではなく、因果関係として捉える必要がある。

　リスクは「目的に対する不確かさの影響」と定義されている。「機会」は組織の目的を達成するために行う活動によって得るのであり、何もしなければ活動に伴うリスクは発生しない[5]。したがって、リスクは組織のビジネス機会を得るための活動によって発生する不確かさ(活動によって目的が達成できない可能性)である。つまり、「機会」を得ようとした結果「リスク」が生じている。

　機会とリスクは因果関係であると同時に相関関係でもあり、多くの場合ビジネス機会を増やせばリスクも増えるため、リスクが受容レベルを超えればビジネス機会を増やすことはできなくなる。このため、ビジネス機会を増やすためにはリスク対応によってリスクを受容可能なレベルに低減する必要がある。

　情報セキュリティは、組織が決定したビジネス機会を得るための活動に関連するリスク対策として、組織の重要な情報資産の機密性、完全性、可用性の喪失を防ぐことが目的であり、ビジネス機会を増加させるための活動ではない。

　したがって、ISO/IEC 27001 の箇条 6.1.1 が要求する「対処する必要のあるリスク及び機会を決定する」については、ISMS の適用範囲[6]を決定した時点で対象となる事業(ビジネス)が確定するため「機会」が決定することになる。そして、「リスク」は、適用範囲の事業(ビジネス活動)に対する内外の課題(解決すべき課題)の中の情報セキュリティに関連する課題によって決定される。

　このため、箇条 6 のリスクが確定した時点で、情報セキュリティ方針の中に、そのリスクに対処する方針を記述することになる。ISO/IEC 27001 の「箇条5.2　方針」では箇条 6.1.1 を参照するようには要求していないが、情報セキュリティの性質上 ISMS の適用範囲が決まった後で、リスクを増大させてビジネス機会を増加させるという選択肢は考えにくいのである[7]。

1.3　ISMS 認証取得はビジネスチャンス拡大のための投資

　ISMS 構築の基本は、トップマネジメント(経営陣)が自ら運営する組織の経営戦略として、組織の発展に寄与する機会(営利企業ではビジネスチャンス、

5）　例えば、児童向けの教材販売を事業とする会社が、事業目的を達成するためにイベントで来訪した児童及び両親の個人情報を収集し、DM によって教材の「販売機会」を増やそうした場合、収集した個人情報の漏えいという「リスク」が生じる。

6）　ISMS の適用範囲とは、組織の目的に関連する内外の課題と利害関係者のニーズ及び期待を考慮し、組織的範囲(組織体制)、人的範囲(要員)、物理的範囲(拠点と施設)、技術的範囲(ICT 設備とネットワーク)の 4 つの観点で決定される。

7）　情報セキュリティの基本的なリスクは、ISMS の適用範囲にある重要な資産に対する機密性、完全性、可用性の喪失であるため、組織のビジネス活動に変更がなければ付随するリスクも大きく変化することは少なく、業務遂行レベルで重要な資産に対するリスクを増大させてビジネス活動を拡大させるということも考えられない。

投資に対するリターンなど)を得る、又は拡大するために行う判断を行うのに対し、それに伴う情報セキュリティリスクを受容範囲内に制御することにより、健全な組織運営を図ることにある。

　例えば、大量の個人情報や取引先の機密情報を取り扱う組織では、情報の所有者(個人又は組織・団体など)からの信頼がなければ組織の運営は成り立たないうえ、情報漏えいなどの事件・事故が発生すれば、組織存亡の危機ともなりかねない。

　しかし、組織がISMSを構築し適切な情報セキュリティ対策を講じていると主張しても、客観的に評価できる仕組みがなければ信頼を勝ち得るのは困難である。ISMS認証取得は、組織の維持・発展の機会に付随するリスクを適切に制御できる能力があることを、第三者機関が国際標準であるISO/IEC 27001の要求事項をもとに客観的に示すものであり、ISO/IECの標準化の概念を理解するすべての国のすべての組織(利害関係者)に対し、安心と信頼を提供することが可能となる。

　このように、ISMSの認証取得は、「コスト」としてではなく、**1.2節**でも解説したように、ビジネス機会を得るための活動に伴うリスクを低減し、リターンを確実なものとするための「投資」として考えるべきである。

第2章
ISMS 構築における
トップマネジメントの役割

　ISMS 構築の基本は、トップマネジメント（経営陣）が自ら運営する組織の経営戦略の一環として位置づけるべきものであるが、本章では、その基本的な概念について解説する。

2.1 トップマネジメントの関与の必要性

ISO/IEC 27001 の箇条 4 では、組織の状況の理解による課題認識と、利害関係者のニーズ及び期待に対する理解によって、ISMS の方向性を定めることが求められている。また、ISO/IEC 27001：2022 の箇条 6 の ISMS 構築の計画策定では、上記で定めた方向性と ISMS の意図した成果(情報セキュリティ目的)を達成するために、対処すべき「リスク及び機会」を決定するように求めている。

図表 2.1 は、機会とリスクの関係を表している。機会は、利益を得るために行う決定であるから、プラスで表し、リスクは、機会の利益を得るための活動に付随する情報セキュリティインシデントによるマイナス(情報セキュリティインシデントにプラスの影響は考えられないため)の影響として表している。

当然のことであるが、リスクが顕在化した(リスクが現実となった)場合、リスク対応の有無が組織の利益にとって、重要な関連があることを示している。リスクは機会の利益を相殺するため、リスク対応をせずにリスクが顕在化した

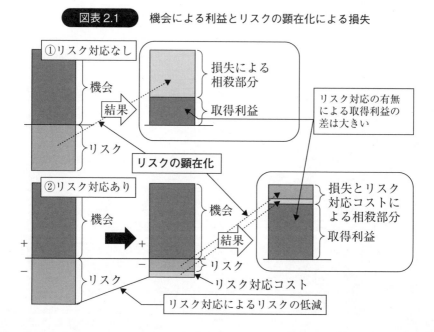

図表 2.1 機会による利益とリスクの顕在化による損失

場合、組織が得られる機会の利益は大きく減少(影響の大きさによってはマイナス)することになる。

　機会の決定とは、組織の戦略的な方向性を決めることであり、機会のためにどんなリスクをどの程度とるかを判断するのはトップマネジメントの重要な責務である。

　そして、トップマネジメントがリスクと機会を検討するうえで、情報セキュリティのリスクについて、2つの重要な考え方がある。1つは、「リスクはゼロにはできない」であり、もう1つは、「リスク対策に要する費用は、リスクが顕在化(セキュリティインシデントが発生)した場合の対応費用より圧倒的に安価である」ということである。

　例えば、過去に、筆者が利用している海外旅行用の携帯電話レンタル会社で、最大で約10万件の個人情報が漏えいしたかもしれないという不正アクセス事件があった。筆者にも1,000円相当のお詫びが送られてきたが、これを全員に送ったとすればそれだけで総額約1億円である。しかし、事件の影響による利用者の減少や、情報セキュリティ強化対策費用なども加えれば、実際の損害額は大きく膨らんでいることが容易に想像できる。これまでも同様の事件で、数十億円から数百億円の損害を出している企業の事例があり、米国では、情報流出事故を起こした企業が倒産した事例も出ているのである。

　トップマネジメントは、組織の利益のために機会を追求する場合、関連するリスクと、そのリスクが顕在化した場合の影響を考慮しなければならない。そして、トップマネジメントの責任において、リスクが顕在化した場合の影響(損害)に見合ったリスク対策の構築に関与すべきである。

2.2 情報セキュリティ方針と目的の管理

　2.1節で説明したように、ISMSの構築には、トップマネジメントが積極的に関与すべきであるが、関与の仕方については、具体的なリスク対策への口出しではなく、組織の情報セキュリティ方針とその方針に基づく情報セキュリティ目的(目標を含む)の管理という形で行われるべきである。

　一般的な組織は、トップマネジメント(経営陣)と管理者及び従業員という構成で運用されているが、組織を運用するには、人事、総務、経理、財務、営業、

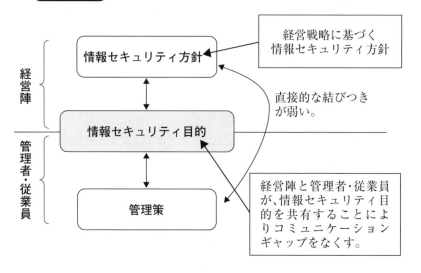

図表 2.2　情報セキュリティ方針と情報セキュリティ目的の設定

販売、製造、研究、倉庫、輸送など、さまざまな機能をもつ部門が、それぞれの役割を果たさなければならない。しかし、機能別に分割された各部門が実行しなければならない情報セキュリティ活動が、組織全体の機会とリスクの管理にどのように関与しているかを認識することは難しいため、往々にして、トップマネジメントと管理者及び従業者との間にギャップが生じる場合がある。

　図表 2.2 のように、トップマネジメントが、情報セキュリティ方針と情報セキュリティ目的(組織全体の目的と部門、階層別目的)を定め、それらを組織の戦略的な方向性と整合させることで、トップマネジメントと管理者、従業者の間のコミュニケーションギャップをなくすことができる。

　図表 2.3 は、図表 2.2 で設定した情報セキュリティ方針と情報セキュリティ目的を管理するプロセスを表している。ブロック矢印が PDCA サイクルにおける管理の流れで、数字は ISO/IEC 27001 の要求項番(箇条)を表し、左右の吹き出しは、PDCA サイクルの各実施項目について、考慮すべき事項を示している。

　情報セキュリティ方針と情報セキュリティ目的は、PDCA サイクルに基づく ISMS の運用全体にわたって管理することが求められる骨組みであり、その達成の阻害は、インシデントにつながり、組織の戦略的機会に対する利益(リ

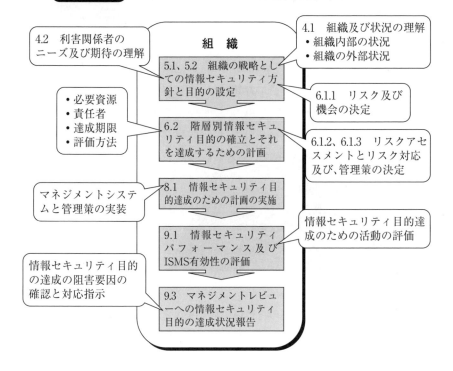

図表 2.3 情報セキュリティ方針と情報セキュリティ目的の管理

ターン)を減少させることとなる。

　トップマネジメントは、機会とリスクを見極め、適正なリスク対応によって、機会から得られる利益を最大にすべきである。

2.3 ISMS の文書体系と主たる責任者

　ISO/IEC 27001 の箇条 4 では、組織の状況の理解による課題認識と、利害関係者のニーズ及び期待に対する理解によって、ISMS の方向性を定めることが求められている。

　図表 2.4 は、組織の ISMS を構築し、運用し、維持・改善するための文書体系であるが、情報セキュリティ方針群(情報セキュリティ方針、及びトピックスごとの情報セキュリティ方針群)、規程・標準、手順・マニュアルの各階層の主たる管理責任者を表している。

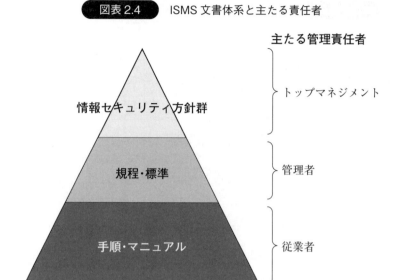

図表2.4　ISMS文書体系と主たる責任者

各階層の内容は、上位で定めた事項に従って決定されなければならないため、まず、トップマネジメントによって情報セキュリティ方針群が定められ、次に、規程・標準が組織の管理者によって定められなければならない。そして、手順、マニュアルは、規程・標準で定められたことを、継続的に正しく実行するために従業者が準備すべきものである。

このように、最初に定める情報セキュリティ方針群が組織のISMS全体を統括することになるため、トップマネジメントは、自らのリーダーシップで情報セキュリティ方針群を定め、その方針に基づいたISMSの活動が行われるようにコミットメントすることが求められている。

また、ISMS文書には、ISMSを構築、運用、点検、改善のPDCAサイクルに基づくマネジメントシステムに関する文書と、リスクアセスメントによって決定する情報セキュリティ対策に関する文書が含まれる。

ISMSでは、規格本文の箇条4〜箇条10がマネジメントシステムの要求事項であり、箇条6.1.3で要求されるリスク対応のために選択しなければならいのが、管理策である。管理策は、そのままでは抽象的な要求であるため、組織は、選択した管理策を、組織が実施すべき具体的なルールや手順として定め

なければならない。

2.4　トップマネジメントの役割

　トップマネジメントは、ISMS で、以下のような役割を果たすことが求められている。

①　情報セキュリティ方針及び情報セキュリティ目的を確立し、組織の ISMS の方向性を明確にする。

②　情報セキュリティ方針及び情報セキュリティ目的を達成するための活動を行うために、ISMS を構築し、運用し、維持・改善するための組織体制を作り、ISMS に関係する要員の役割と責任及び権限を明確にする。

③　組織の ISMS を運用するために必要な資源(人材、資金、施設・設備、情報など)を提供する。

④　ISMS に関連する要員の力量を管理[1]し、ISMS が適切に運用できるようにする。

⑤　情報セキュリティ方針及び情報セキュリティ目的を達成するための活動を承認し、その結果の報告を求めることで、情報セキュリティのパフォーマンスと ISMS の有効性を評価できるようにする。

⑥　マネジメントレビュー(必要の都度又は定期的に開催)において、ISMS の諸活動の報告をレビューし、改善すべき点、及び、内外の状況(課題)の変化に合わせた情報セキュリティ方針の変更(あれば)に従って改訂すべき点などを決定し、その実施を指示する。

　上記以外にも、トップマネジメントは、組織の情報セキュリティガバナンス(統制)を行うために必要なリーダーシップを発揮することが求められている。トップマネジメントによるリーダーシップがなければ、管理者及び従業者が行う ISMS の活動に対し、トップマネジメントの方針が反映されず、**1.2 節**で解説した、組織の機会に対し、リスクの管理が適切に行われないこととなり、リスクが増大する恐れがある。例えば、情報セキュリティの導入は、情報の取扱

---

1)　例えば、役割と責任に必要な力量の決定、要員の力量評価、不足している力量を確保するための教育・訓練又は採用のことである。

いに対しさまざまな制約[2]を課すことになる。

　このような制限（社内ルール）は、トップマネジメントのリーダーシップとコミットメントがなければ、組織全体にその導入を納得させることは難しく、ISMS 推進事務局任せの導入は、実施段階での不順守によって情報セキュリティルール（社内規程など）の形骸化を招く恐れがある。したがって、トップマネジメントは、ISMS 推進事務局の活動を支援し、自らの判断で情報セキュリティの導入を行うことを宣言（コミットメント）したうえで、実務的な部分では下位の者に権限移譲を行い、任せるべきである。

---

2 ）　例えば、入退室制限、アクセス制限、情報の持ち出し制限などのことである。

第 3 章
情報セキュリティの基本

ISO/IEC 27001

ISMS の導入では、PDCA に基づくマネジメントシステムの理解も重要であるが、有効なリスク対策を策定し運用するためには、情報セキュリティの基本を理解していることが必須条件である。

本章では、情報セキュリティリスクの概念と、リスク対策の基本について解説する。

3.1　リスクの概念

（1）　リスクの定義と考え方

　『ISO/IEC 27000：2018 情報技術―セキュリティ技術―情報セキュリティマネジメントシステム―用語』では、リスクは「目的に対する不確かさの影響[1]」と定義されている。

　「目的」は原文では "objective" である。英語の objective の意味には、日本語の目的のほかに、狙い（aim）、到達点（goal）、目標（target）などの意味も含まれており、これらの意味合いは ISMS 要求事項にも反映されている。したがって、本書における「目的」は、目標の要素を含んでいるとして解説する。図表 3.1 はリスクの定義を図式化したものである。

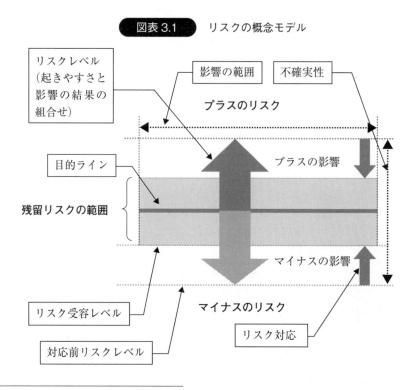

図表 3.1　リスクの概念モデル

---

1)　影響とは、期待されていることから、好ましい方向又は好ましくない方向に乖離することである。

　1.2節で解説したように、目的が、リスクに対する機会の利益であれば、リスクは、目的に対して、プラスの影響とマイナスの影響の2つの不確かさが存在する。組織は、マイナスのリスクレベル（起きやすさと影響の結果の組合せ）を受容可能レベルに留めるため、リスク対応（目的に対する不確実性を制御する）の結果、コントロールされた残留リスクを受容することとなる。

　情報セキュリティでは、図表3.2に示す「機密性（Confidentiality）」、「完全性（Integrity）」、「可用性（Availability）」の3要素（以降、CIAという）のいずれか又はその組合せの喪失が、組織に影響を与える情報を保有又は運用することがすなわちリスクであると考えている。そのため、組織に影響を与える情報を保有又は運用することは、組織の戦略を決定した時点で明確になっているはずである。

　したがって、組織の戦略レベルでの機会に対し、リスクを受容可能なレベルに留めるために、必要な情報セキュリティ対策の活動を行うのであるから、情

図表3.2　情報セキュリティの3要素

C：機密性
Confidentiality

許可されていない個人、エンティティ又はプロセスに対して、情報を使用させずまた開示しない特性

例えば、情報漏えいなどを防ぐために、入退室制限、データのアクセス制限などを実施すること。

例えば、データの改ざんを防ぐためのアクセス制限や誤入力を防ぐための入力チェックなどを実施すること。

例えば、書類や電子記憶媒体の紛失を防ぐために施錠管理、バックアップの取得などを実施すること。

I：完全性
Integrity

正確さ及び完全さの特性

A：可用性
Availability

許可されたエンティティが要求したときに、アクセス及び使用が可能である特性

注）　エンティティとは、情報にアクセスする団体、組織、機能などの総称である。機密性の定義では、個人とプロセスがエンティティとは別に挙げられているが、可用性の定義ではエンティティのみが書かれているように、すべてを包含していると考えることもできる。

報セキュリティにおけるリスクアセスメント[2]は、マイナスリスクへの対応を考えればよいということになる。

なお、リスクは目的(目標)に対する乖離(不確実性)であるため、リスク対応には、±の双方の乖離を縮める効果があり、マイナスリスクをコントロールすることは、プラスのリスクも同時にコントロールしていることにもなる(図表3.1)。

プラスのリスクは歓迎すべきものと思われるかもしれないが、目的達成のコントロールが完璧であれば、リスクはゼロ(プラスもマイナスもない状態)に近づくことが理想である。しかし、リスク受容レベル以上にプラスに振れるということは、その時点では良いことかもしれないが、コントロールできていないという意味では必ずしも良いこととはいえない。コントロールできていない状態のプラスは、事情が変わればマイナスのリスクとして損害を発生させる危険性を秘めているのである。

また、情報セキュリティ目的(目標)は、組織全体の目的と、部門及び階層ごとの目的(目標)設定が求められている。組織全体の目的(目標)は、組織の戦略レベルの機会のリスクを低減することになるが、部門及び階層にはそれぞれの役割・機能があるため、それぞれの役割・機能に従って適切な目的をもたせるべきである。ただし、「事業部、部、課」といった階層で同じ目的(目標)を共有する場合には目的(目標)を階層別に分ける必要はない。

(2)　情報セキュリティ目的(目標)とリスク受容レベルの概念

図表3.3 は、情報セキュリティのリスクについて、マイナスのリスクを対象として、情報セキュリティ目的(目標)とリスク受容レベルの概念を図式化したものである。この図は、リスクの概念を単純化するために、情報セキュリティのインシデントが生じないことを最終的な目的(目標)とした場合、±0よりもプラスに転じることはないという考え方を採用している。

リスクレベルは、結果の大きさ(情報の漏えいや破壊などが組織に与える影響の大きさ)と起こりやすさで決定される。

①は、情報セキュリティ目的(目標)を達成できるレベルであり、結果の大き

---

2)　リスクの特定、分析、評価を行う活動のことである。

図表3.3　　情報セキュリティ目的とリスク受容レベルの概念

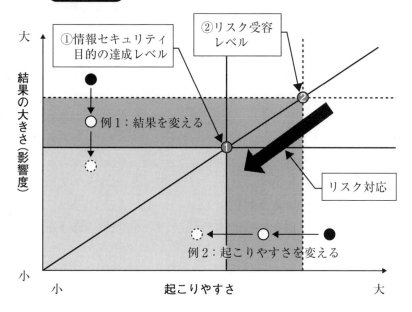

さと起こりやすさの交点で表している。結果の大きさと起こりやすさが変化し
ても、①のレベルの範囲内であれば目的（目標）を達成していることになる。

　②は、目的（目標）を達成できなかった場合に、リスクを受容できるレベルで
あり、①と同様に②のレベルの範囲内であればリスクを受容できることになる。

　リスクレベルは、結果の大きさと起こりやすさの段階を定義し、X軸（起こ
りやすさ）、Y軸（結果の大きさ）との関係で表すことができる。

　図表3.3の「●→○」はリスク対応で、結果の大きさ又は起こりやすさを変
化させた結果として、リスクが受容レベル以下又は目的（目標）の達成レベル以
下に変化したことを表している。

　リスク対応は、リスクを情報セキュリティ目的（目標）の達成レベルにするた
めの対策であるが、目的（目標）は、努力して達成可能な高いレベルに設定され
るべきであり、リスクを受容レベル以下にすることが最初の段階である。

　図表3.3でわかるように、リスク対応には、起こりやすさを変える方法と結
果の大きさを変える方法がある。例えば、1億円の損害が2年に1回の起こり
やすさである場合と、5千万円の損害が1年に1回の起こりやすさである場合

は、リスク事象発生時における影響の大きさは同じ(両方とも2年間で1億円)である。

　一般的な情報セキュリティ対策では、起こりやすさを変えるために、組織のもつ弱点[3]を少なくするために行われている。

　また、結果の大きさ(組織に与える影響)を変えるには、情報又はICT設備の個々の重要度を下げるために、バックアップの取得や、設備や回線の二重化などの冗長化を実施する。また、個人情報の取扱いに当たり、不必要に機微な情報を収集したり不必要に長期保有したりしないことや、ビッグデータの取扱いでは、個人を特定できる情報を排除するなどの対応が行われている。

(3)　リスク源とリスク対応

　リスク源は、リスク因子とも呼ばれるが、リスクを生じさせる潜在的な要素である。

　潜在的というのは、リスク源があれば必ずリスクが現実になるとは限らないからである。例えば、住宅で「戸締りが不十分」というリスク源があった場合に、必ず空き巣に入られるかというと必ずしもそうではない。しかし、「戸締りの徹底」というリスク対応を行うことで、空き巣に入られる可能性を減らし、リスクを受容レベルまで下げることができる。

　国内には、いまだに無施錠でも空き巣など1回も経験したことがない地域もあるが、東京のような都市部では、施錠していない住宅には空き巣狙いが侵入する可能性が高い。この場合、東京という立地条件にリスク源が含まれると考えてよい。リスク源は、1つの要素でただちにリスクが顕在化する(リスクが現実になる)のではなく、複数の条件が重なってリスクの顕在化につながると考えるべきである。

　図表3.4は、リスク源とリスク対応の関係を簡単に図式化したものである。単純な図であるが、すべてのリスクの基本的な概念が包含されている。

　この図では、守るべき資産は羊であり、組織(牧場)の目的は「羊を飼育し羊毛の販売で利益を得る」で管理すべき課題は「羊の保護」ある。リスクは、目

---

3)　例えば、入退室管理、従業員の意識、アクセス制御、ICT設備の管理などの不備や不徹底のことである。

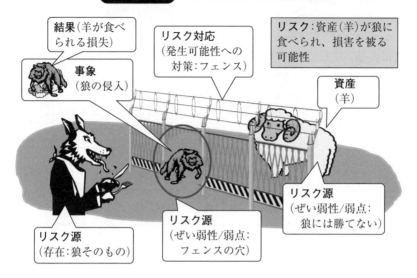

図表 3.4　リスク源とリスク対応の概念

的に対する不確実性であるから、羊が保護できない（狼に食べられる可能性がある）という不確実性となる。このケースでは、フェンスの穴と、羊自体の弱さがリスク源となっている。

　羊の特性が変化しない以上は、羊自体のリスク源には対応する方法がないが、リスク源に対する対応として、狼と羊を隔てるフェンスで羊を狼から守ろうとしている。

　しかし、リスク源であるフェンスに穴があれば、その穴から狼が侵入するという事象が発生し、資産の羊を喪失するという結果が生じる。

　この図で理解すべきことは、「資産のリスク源（ぜい弱性／弱点）があることによって結果を引き起こす事象が発生し、結果が生じるのだ」ということである。

　図表 3.5 は、ISO/IEC 27000：2018 の 3.61 リスク（risk）の定義「目的に対する不確かさの影響」と、3.68 リスク特定（risk identification）の定義の注記 1「リスク特定には、リスク源、事象、それらの原因及び起こり得る結果（の特定が含まれる」及び、3.72 リスク対応（risk treatment）の注記 1「7 つのリスク対応」をモデル化したものである。以下に事例をもとにモデルの各項目の関連を説明する。①～⑦の項番の順番は出来事の順番ではなく、リスク対応を検討

図表3.5　情報セキュリティのリスク特定とリスク対応のモデル

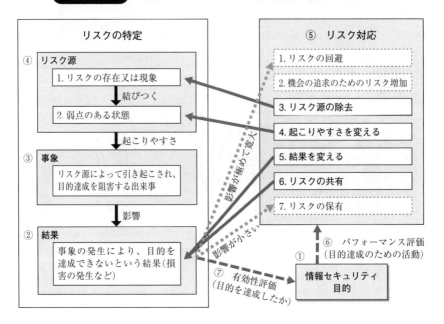

するための考慮の順番になっている。

【図表3.5の①〜⑦の事例】

① 情報セキュリティ目的

• ネットワークに接続した装置からの情報漏えいを防止する。

（リスク）ネットワークに接続した装置からの情報漏えいを防止できないという不確実性

② 結果

• 外部からの不正アクセスによる情報漏えいで信用・評判が低下

③ 事象

• 通信設備・機器の弱点を利用した不正アクセスによって情報漏えいが発生

④-1 リスク源：リスクの存在又は現象

• 悪意のある攻撃者の存在

④-2 リスク源：弱点のある状態

• 外部ネットワークと接続する通信設備の不正アクセス防止対策の不備

⑤　リスク対応

　　②〜④に対するリスク対応の7つの選択肢（詳細は(6)項で解説）を検討する。

1. ②の結果が重大な影響となる場合は「リスクの回避」例えば、ネットワーク接続を止める。

2. 機会の追求のためのリスク増加は、この場面では検討しない。機会の選択は情報セキュリティ目的を決定する前に行われているため。

3. ④-1のリスクの存在又は現象については「リスク源の除去」、例えば、(可能であれば)悪意のある攻撃者を特定し排除する。

4. ④-2の弱点のある状態に対しては「起こりやすさを変える」、例えば、通信設備の不正アクセス防止対策を強化する。

5. ②の組織への影響を小さくする場合は「結果を変える」、例えば、情報が漏えいしても判読できないように強力な暗号化対策を行う。

6. ②の組織の影響を分散したい場合は「リスクの共有」、例えば、情報漏えい保険を掛ける又は個人情報の管理をアウトソーシングする。

7. 影響が小さい場合は「リスクの保有」、例えば、何もしない。

⑥　パフォーマンス評価

　　⑤のリスク対応は、目標を達成するための活動であるため、パフォーマンス評価は目的を達成するための活動が計画どおり実施されたかの評価ということになる。

⑦　有効性評価

　　⑥のパフォーマンス評価で計画どおりの活動が行われたことで、②の結果が①の目的を達成した場合その活動は有効であったと評価することができる。

　　このように、リスクを特定する活動は、①の情報セキュリティ目的に対する不確かさ（＝目的を達成できない②の結果）を想定し、その不確かさの原因となる③④を特定することである。③の事象は発生した出来事であり予防の段階を過ぎているため、リスク対策としては③の事象が発生する前の段階で予防することになる。したがって、リスクを低減するための活動は、④のリスク源に対する働きかけであるといえる。

　　③の情報セキュリティ事象は、④-1リスクの存在又は現象と④-2弱点のある状態が組み合わされたときに起きるので、どちらか片方がなければ発生しない。

例えば、④-2 の通信設備・機器の弱点があっても、④-1 の悪意のある攻撃者がいなければ、通信設備・機器の弱点を利用した不正アクセスによって情報漏えいは発生しないのである。逆に、④-1 の悪意のある攻撃者がいても、④-2 で通信設備・機器の弱点がなければ不正アクセスは起きないことになる。したがって、⑤のリスク対応は、⑤-3 リスク源の除去と⑤-4 起こりやすさを変えるの 2 つになる。

　⑤-5 の結果を変えると⑤-6 のリスクの共有は、③の事象が発生した後の事後的対応（インシデント対応）となるためリスクの顕在化を予防するための対策ではない。

(4)　ISMS適用範囲

　ISMS 認証制度では、組織は、適用範囲とその境界を決定しなくてはならないが、ISMS の導入を考えるに当たり、ISMS を組織全体に適用するのか、一部の組織や機能に限定するのかを決める必要がある。また、ISMS 適用範囲を決定するに当たっては、ISO/IEC 27001 の「箇条 4.1　組織及び状況の理解」と「箇条 4.2　利害関係者のニーズ及び期待の理解」を踏まえ、組織の課題を解決するという観点が考慮されなければならない。

　ISMS の導入には、経営資源（人材、資金、施設・設備など）を投入することが求められるため、組織の形態や情報セキュリティの目的によっては組織全体を適用範囲にしなくても効果的な ISMS の導入効果を得られる場合もある。

　ISMS の導入目的を考えた場合、情報セキュリティインシデント（事件・事故）の影響が、適用範囲内に留まっていれば、被害は限定的で解決もしやすいが、適用範囲外に影響を与えることになれば、被害も大きく解決も容易ではなくなる。

　組織の資産（情報）を保護するうえで、責任をもって管理できる範囲が適用範囲でなければならず、その範囲の外部との接点（境界）から影響が及ばないような対策が求められる。したがって、適用範囲とその境界を決定するうえでは、利害関係者を含めた組織的な面、契約社員や派遣社員などを含めた人的な面、施設や設備などの物理的な面、ICT などの技術的な面の 4 つの観点において、その範囲の設定が適切であり、それぞれの境界の内部と外部の関係が明確でなければならない。

　また、必要な場合には、資本関係のない業務委託先や業務提携先などの組織や拠点を含めた範囲を ISMS の適用範囲とすることが適切な場合もある。近年では、オフィスなどの物理的な拠点をもたない組織も誕生しているため ISMS の適用範囲を決定する際には、認証機関と相談してから決定するということも考慮する必要がある(詳細は **6.3 節**を参照)。

(5)　守るべき資産とリスク源

　ISMS の構築では、守るべきものとその弱点が何かを明確にしなければならない。ISMS で守るべき対象は、組織の情報セキュリティ方針と目的を達成するための「情報及びその情報を利用した組織の活動」である。形のある資産(紙、電子媒体など)は施錠管理などの物理的な手段で保護することが可能であるが、電子的な情報は技術的な手段で保護しなければならない。

　また、情報が利用されるということは、情報が何らかの手段(手渡し、電子メール、ウェブサイト、電送、郵送、配送、口伝、その他)で移動することを意味している。したがって、単に情報の保管管理を行うだけでなく、情報の移動の可能性に対しても対策を行う必要がある。

　リスクアセスメントの対象としては、情報資産[4]、ファシリティ[5]、システム開発、運用(情報のライフサイクルを含む)、法令・規制要求事項の順守などがある。

　ISMS の導入の主たる目的は「情報」を保護するためのマネジメントシステムを確立することである。情報のリスクに対するリスク源は、情報を保護しているもの[6]の弱点及び管理不備と、マルウェアの侵入、悪意のある第三者、人的ミス、自然災害などに対する対策の不備などであり、情報のリスク源を識別するには、情報と情報を利用するための拠点、施設・建物・部屋、ICT 設備、ソフトウェア、組織、人、運用プロセス、サービスなど、幅広い範囲を把握する必要がある。

---

4)　人的資産(知識、能力)、物理的資産、サービス資産、ソフトウェア資産など
5)　敷地、立地、建物・施設、部屋、屋外設備
6)　媒体、容器、保管設備、ICT 設備、ネットワークなど

（6） リスク対応と管理策

　リスクアセスメント[7]の結果、明確になったリスクについて、ISO/IEC 27000：2018 では、以下の7つの手段が例示されている（太字部分が例示された手段で、原文を一部省略）。

① **リスクを回避する**

　　リスクの対象となる資産の取扱い又はリスクのあるプロセスなどを停止又はやめること。

② **機会を追求するために、リスクをとる又は増加させる**

　　ビジネスチャンスのために積極的にリスクをとりに行くこと。

③ **リスク源を除去する**

　　リスクの原因となる存在やぜい弱性をなくすこと（**図表 3.5** 参照）。

④ **起こりやすさを変える**

　　リスク源に働きかけることでリスクが顕在化する可能性を減少させること。

⑤ **結果を変える**

　　バックアップの取得や冗長化などで結果の影響を減少させること。

⑥ **リスクを共有する**

　　アウトソーシングや保険加入などで、組織のもつリスクの一部を外部組織と共有すること。

⑦ **リスクを保有する**

　　リスク対策費よりもリスクの顕在化した結果の影響が小さい場合などに、リスクへの対策を現状維持とすること。

　リスク対応では、上記の7つの手段から適切な対応を選択する。そして、リスク対策の③④⑤については、ISO/IEC 27001 の附属書 A で 93 の管理策（リスク対策）が用意されているので、組織はリスクアセスメントの結果で必要と判断したリスク対策を附属書 A の管理策として適用することの確認を行う。ISO/IEC 27001 の附属書 A の 93 の管理策（リスク対策）は、ISO/IEC の加盟国がそれぞれの経験と知識をもとに、情報セキュリティとして必要とされる対策を提案し、まとめたものである。

　これらの管理策は、情報セキュリティとして想定される一般的なリスクのほ

7） リスクアセスメントの方法および手順については**第7章**にて詳述する。

ぼ全域を網羅しているが、リスクアセスメントの基本は、組織の情報セキュリティ目的に対するリスクを洗い出し、必要なリスク対策を検討するのが先である。そして、附属書Ａの93の管理策は、組織が決定したリスク対策に漏れがないかどうかを確認するために参照し、附属書Ａの管理策で適用していないものがあれば原則として追加することになるが、最終的に適用しない管理策がある場合には、適用しないことの合理的な説明[8]が必要となる。

　ただし、ISO/IEC 27001 はすべての国のすべての組織を対象とした情報セキュリティマネジメントシステムであり、電気通信事業者、金融サービス事業者、クラウド事業者などといった高度な情報セキュリティを必要とする分野に対しては、必ずしもすべてを網羅しているわけではない。そこで、ISO/IEC では、ISO/IEC 27011～ISO/IEC 27022 や ISO/IEC 27701 などの分野別ガイドラインを開発し、ISO/IEC 27001 の要求事項を補完する形で分野別管理策セット[9]を制定している。

　ISMS を構築する組織は、組織の事業分野に必要な情報セキュリティを行うために、必要であれば、箇条6.1.3 c)の要求事項[10]を満たすことを条件に分野別管理策セットの採用や、その他の管理策セット[11]を採用することも可能である。

　図表3.6 は、ISMS の導入によって網羅的なリスク対策を行うことの重要性を示している。リスクを樽に閉じ込めた場合、すべての樽板(リスク対策である93の管理策を表している)の高さが揃い、穴や裂け目がなければ中身がこぼれ出ることはないが、どれだけ小さくても穴があれば、そこからリスクがこぼれ出てしまい、穴や裂け目の位置が、組織の情報セキュリティのレベルになっ

8）　該当するリスクがないかその管理策に関連するすべてのリスクがリスク受容レベル以下であるなどで、例えば、情報システム開発を行わない組織であれば、システム開発に直接関連する管理策は不要である。

9）　分野別管理策セットは、ISO/IEC 27002 をベースに、各業界の当該分野に固有の管理策や実施の手引を追加している。

10）　組織は、リスクアセスメントによって決定した管理策(リスク対策)を附属書Ａの管理策と比較し、必要な管理策を見落とさないようにしなければならない。

11）　ISO/IEC の分野別管理策セット以外に、国内では、FISC(『金融機関等コンピュータシステムの安全対策基準・解説書』)、海外では、NIST-SP800(『連邦情報システムのためのセキュリティ計画作成ガイド』)や COBIT(米国の情報システムコントロール協会(ISACA)などが提唱する「IT ガバナンスについてのフレームワーク」)などがある。

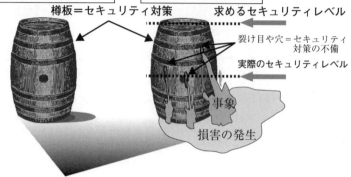

| 図表 3.6 | 網羅的対策の必要性の重要性 |

どれだけ高度な情報セキュリティ対策(樽板)を実施していても、セキュリティレベル(樽の中身)は、最も低い位置や穴や裂け目の位置となる。

てしまう。例えば、1万人の組織のなかのたった1人が組織の機密情報を不正に流出させた場合でも、組織全体の情報管理が不備であったことになり、損害賠償や信用低下を招くことになるのである。

　また、樽には中身が漏れないように樽板を密着させるための箍がはめられているが、いくら効果的なリスク対策を採用したとしても、それを実行する要員の情報セキュリティ意識の箍が外れていては意味がない。教育・訓練や管理層による指導及び組織の ISMS に従わない場合の懲戒手続の周知などで箍が緩まないようにする必要がある。

3.2　ISMS 認証取得

　ISMS 認証は、第1章で記述したように、組織にとって有用であり、すべての国のすべての組織が取得することができるものである。ただし、認証取得にあたって組織は、ISMS の認証規格である ISO/IEC 27001 の要求事項を満たしていることを実証しなければならない。

　ISMS 認証では、ISO/IEC 27001 の箇条 4～10 は、すべて実施しなければならず、一部でも要求事項を除外する(実施しない)ことはできない。

　一方、リスク対策である管理策は、ISO/IEC 27001 の「箇条 6.1.3 b)」の注記 1 では「組織は、必要な管理策を設計するか、又は任意の情報源の中から管理策を特定することが可能である。」[12] また、「箇条 6.1.3 c)」の注記 2 では「附属書 A は、考えられる情報セキュリティ管理策のリストである。この規格の利用者は、必要な情報セキュリティ管理策の見落としがないことを確実にするために、附属書 A を参照することが求められている。」と書かれており、組織は、情報セキュリティ目的に関連するリスクに対し、自由に管理策を決定することができるが、最終的には、附属書 A の 93 の管理策と見比べ、漏れがないことを確認しなければならない。

　ISMS の認証を取得するには、認証機関と呼ばれる審査を行う機関に ISMS の認証を申請し、組織が ISMS の要求事項を満たした ISMS を構築し、運用し、維持、改善できる能力があることを、審査のなかで実証しなければならない（詳細は**第 9 章**を参照）。

---

12) 　ISO/IEC 27001 以外にも、米国立標準技術研究所の NIST-SP800 や情報システムコントロール協会(ISACA)と IT ガバナンス協会(ITGI)が作成した IT 管理のベストプラクティスである COBIT、金融機関等コンピュータシステムの安全対策基準・解説書(FISC)など、さまざまな情報セキュリティに関連するガイドラインがある。

第4章
ISMS 構築手順の概要

　ISO/IEC 27001 の要求事項は、ISMS の構築手順を示していないため、組織は独自の構築手順を開発しなければならない。

　日本では、2002 年の ISMS 認証制度正式発足以来、2023 年まで、21 年間にわたって約 7,300 件の組織が認証を取得し、今では ISMS 構築の手順はほぼ確立されている。本書では、ISO/IEC 27001 で 2022 年に行われた改正を受け、これまでの ISMS 構築に関するノウハウに新しい ISMS の改正内容を反映し改良を加えている。

　ここで紹介する構築手順は、すべて順番に実施することを想定しているのではなく、並行してできる部分は並行して行うことを想定している。したがって、**第 5 章**以降の解説には、用語の出現とその用語を使った構築手順の説明が前後する場合があるが、参照関係を記述しているので、関係箇所を読みながら理解していただきたい。

　また、ISMS 構築運用で作成、又は使用する様式に関し、主要なものは様式のイメージを掲載するか、必要項目の一覧を示しているが、一連の作業で使用する様式すべてを提供することはしていない。ISO/IEC が求めているのは形式ではなく、要求事項の実現であり、ISMS 構築・運用の手順の文書化は、各組織が自由な発想で工夫し、実施してもらいたい。

4.1 ISMS 構築手順

　図表 4.1 は、ISMS の構築手順とそれに関連する ISMS 要求事項の一覧表である。この ISMS 構築手順には、ISMS 認証取得に必要な、ISMS 要求事項(箇条 4 〜箇条 10)がすべて組み込まれている。

　ISO/IEC 27001 の附属書 A の管理策は、リスクアセスメントの結果で選択するべきものであるが、一部、ISMS 構築手順のなかで考慮すべき要求事項が

　　図表 4.1　　ISMS 構築手順と ISO/IEC 27001：2022 の要求事項

項番		構築手順	ISMS 要求事項
			ISMS 導入検討
第 5 章	5.1 節	組織の経営戦略に伴う機会と情報セキュリティリスクの検討	箇条 4.1　組織及び状況の理解 箇条 4.2　利害関係者のニーズ及び期待の理解 箇条 6.1　リスク及び機会に対処する活動(箇条 6.1.1 d))
	5.2 節	ISMS 導入の目的と適用範囲の検討	箇条 4.3　ISMS の適用範囲の決定 箇条 5.1　リーダーシップ及びコミットメント 箇条 5.2　方針
	5.3 節	ISMS 導入推進組織の検討(コンサルタント起用含む)	箇条 5.3　組織の役割、責任及び権限 箇条 7.1　資源
	5.4 節	ISMS 導入スケジュールと費用の見積り	箇条 7.1　資源
			ISMS 導入準備
第 6 章	6.1 節	ISMS 導入推進事務局メンバーの選定と教育	箇条 5.3　組織の役割、責任及び権限 箇条 7.1　資源 箇条 7.2　力量 【管理策(附属書 A)】 5.2　情報セキュリティの役割及び責任
	6.2 節	ISMS 導入スケジュールとプロジェクト推進体制の決定	箇条 5.3　組織の役割、責任及び権限 箇条 7.1　資源
	6.3 節	情報セキュリティ方針(案)の作成と ISMS 適用範囲の確定	箇条 4.3　ISMS の適用範囲の決定 箇条 5.1　リーダーシップ及びコミットメント 箇条 5.2　方針
	6.4 節	ISMS 導入基本計画(経営資源の投入含む)策定と承認	箇条 6.2　情報セキュリティ目的及びそれを達成するための計画策定 箇条 7.1　資源

　注)　項番は第 5 章に合わせている。

図表 4.1 つづき 1

項番		構築手順	ISMS 要求事項
		ISMS 構築	
第7章	7.1節	ISMS 構築体制確立	箇条5.3 組織の役割、責任及び権限 箇条6.1 リスク及び機会に対する活動 箇条7.2 力量 【管理策(附属書A)】 5.2 情報セキュリティの役割及び責任
	7.2節	現状調査	箇条4.1 組織及びその状況の理解 箇条4.2 利害関係者のニーズ及び期待の理解 箇条4.3 ISMS の適用範囲の決定 箇条4.4 ISMS 箇条6.1 リスク及び機会に対処する活動 箇条6.1.2 情報セキュリティリスクアセスメント 箇条6.1.2 情報セキュリティリスクアセスメント：6.1.2 c) 箇条8.2 情報セキュリティリスクアセスメント 【管理策(附属書A)】 5.9 情報およびその他の関連資産の目録
	7.3節	情報セキュリティ方針と目的の確立	箇条5.2 方針 箇条6.2 情報セキュリティ目的及びそれを達成するための計画策定 【管理策(附属書A)】 5.1 情報セキュリティのための方針群
	7.4節	リスクアセスメント	箇条5.2 方針：箇条5.2 b) 箇条6.1.2 情報セキュリティリスクアセスメント(箇条6.1.2 a)～e)) 箇条6.1.3 情報セキュリティリスク対応 箇条8.2 情報セキュリティリスクアセスメント 箇条8.3 情報セキュリティリスク対応
	7.5節	リスク対応計画策定	箇条6.1.3 情報セキュリティリスク対応 箇条6.1.3 情報セキュリティリスク対応(箇条6.1.3 d)、f)) 箇条6.2 情報セキュリティ目的及びそれを達成するための計画策定 箇条8.3 情報セキュリティリスク対応
	7.6節	事業継続マネジメントへの情報セキュリティ継続の組み込み	【管理策(附属書A)】 5.29 事業の中断・阻害時の情報セキュリティ 5.30 事業継続のための ICT の備え 8.14 情報処理施設・設備の冗長性

図表 4.1　つづき 2

項番	構築手順	ISMS 要求事項
7.7 節	マネジメントシステム運用計画策定	箇条 4.4　ISMS 箇条 7.2　力量 箇条 7.3　認識 箇条 7.4　コミュニケーション 箇条 9.1　監視、測定、分析及び評価 箇条 9.2　内部監査 箇条 9.3　マネジメントレビュー 箇条 10.1　不適合及び是正処置 箇条 10.2　継続的改善
7.8 節	文書化された情報の準備	箇条 7.5　文書化した情報 箇条 8.1　運用の計画及び管理 箇条 9.1　監視、測定、分析及び評価
7.9 節	業務プロセスと ISMS 要求事項の統合化の検討	箇条 4.4　ISMS 箇条 5.1　リーダーシップ及びコミットメント
ISMS 運用		
第8章	8.1 節　運用計画策定	箇条 6.2　情報セキュリティ目的及びそれを達成するための計画策定
	8.2 節　運用開始	箇条 5.2　方針 箇条 7.2　力量 箇条 7.3　認識 箇条 7.5　文書化した情報 箇条 6.3　変更の計画策定 【管理策（附属書 A）】 5.1　情報セキュリティのための方針群
	8.3 節　情報セキュリティパフォーマンス評価	箇条 9.1　監視、測定、分析及び評価
	8.4 節　内部監査	箇条 9.2　内部監査 箇条 10.2　不適合及び是正処置
	8.5 節　マネジメントレビュー	箇条 9.3　マネジメントレビュー
	8.6 節　改善	箇条 10.1　継続的改善
ISMS 認証登録		
第9章	9.1 節　ISMS 認証制度	―
	9.2 節　ISMS 認証登録申請	―
	9.3 節　ISMS 認証審査	―
	9.4 節　ISMS 認証取得対応	―

あるため、組み込んでいる。

　以下で示している構築手順は、必ずしも順番に行う必要はないが、それぞれの実施結果が、次の手順のインプットであったり、並行して行った作業の結果の整合を図ったりする必要があるため、作業を進めるにあたっては、構築手順全体の理解を深めておくことが重要である。

　また、本書による構築手順を進めていくと、一度作成した成果物を見直すという手順が何回か出現する。これは、本書による構築手順を進めていく過程で、ISMS 構築推進のメンバーの規格要求事項に関する理解と構築スキルが向上することで、最初に検討した内容が、後半に検討内容とのレベルに差が出てきてしまうためである。このため、全体的な整合性を高めるために、定期的に見直しを行うことが必要となる。

　筆者が実施しているコンサルティングでも、ISMS 構築スケジュールのなかで最初に作成した成果物の見直しが不要であったという経験がない。これは、指導力の問題や、ISMS 推進メンバーの能力の問題などではない。組織は、さまざまな活動を有機的に関連して実行するため、大きな組織になるほど組織全体をすべて理解しているスーパーマンは存在せず、ISMS 推進メンバーは、ISMS の構築過程で組織の現状を段階的に理解することになるためである。

　また、要求事項に関しても、事前に学習した知識をそのまま組織に適用しようとしても、さまざまな困難に直面し、それを解決することで理解が進むのであるが、理解が進むということは、初期段階で実施した検討事項に不備が見つかるということにもつながるため、組織の理解が進むことと合わせてどうしても手戻りが発生するのである。したがって、手戻りはあるという前提で、一つひとつの作業を完璧に仕上げるための多大な時間をかけるより、ある程度の割切りで進めながら、定期的に見直すやり方のほうが、結果的には短期間に良い成果が得られるのである。

　なお、本書で示している ISMS 構築手順は、ISMS 要求事項を満たしているが、ISMS を構築するうえで ISMS 要求事項を知らなくてもよいということではない。本書を活用するうえでは、ISMS 要求事項の基本を学んだうえで取り組んでいただきたい。

　図表 4.1 に記述した ISMS 要求事項は、ISO/IEC 27001 の箇条であるが、【管理策(附属書 A)】の後に書かれている項番は、規格の附属書 A に書かれてい

る管理策の番号である。

ISO/IEC 27001 の附属書 A には 93 の管理策が用意され、リスクアセスメントを実施したうえで、組織が決定した情報セキュリティ対策について、必要な管理策に漏れがないか確認するために参照するよう求められている。

本書の構築手順のなかでは、**7.2 節**、**7.3 節**、**7.5 節**、**7.6 節**の手順のなかでこの管理策を参照することになるが、もし、組織が必要とした情報セキュリティリスク対策に該当する管理策が見つからない場合は、94 番目以降の管理策として追加する[1]ことになる。

本書では、ISMS 要求事項の解説は行わないため、要求事項に関する解説は姉妹書の『ISO/IEC 27001 情報セキュリティマネジメントシステム(ISMS)規格要求事項の徹底解説【第 2 版】』(日科技連出版社)を参照されたい。

4.2　ISMS 構築推進体制

ISMS 構築では、ISMS を構築し、運用体制に移るまでの推進体制が必要となる。図表 4.2 は、一般的な ISMS 構築推進体制の例である。

ISMS 構築の準備段階は、主に ISMS 推進責任者と ISMS 推進事務局が中心となり、トップマネジメント[2]と相談しながら進めることになる。準備が完了して構築段階に入れば、ISMS 推進者に役割分担を行い、推進体制全体が協力して進められるよう、事務局がまとめ役となる。

4.3　コンサルタントの起用と使い方

コンサルタントの起用は必須ではないが、ISMS の要求事項は抽象的である

---

1 ）　ISO/IEC 27001 の「箇条 6.1.3 c)注記 3」には、「附属書 A に規定した情報セキュリティ管理策は、全てを網羅してはいないため、追加の情報セキュリティ管理策を含めることが可能である。」と記述されている。ISO/IEC 27001 の附属書 A で示されている管理策は、ISMS 構築のために必要最小限のものであるため、あくまでも組織が必要とする情報セキュリティリスク対策を決定することが重要である。

2 ）　ISMS 適用範囲が、事業部などの組織の一部である場合、トップマネジメントはその部門の責任者となるが、その組織の情報セキュリティ運用に対する決定権をもっているのであれば、必ずしも役員レベルの経営陣である必要はない。

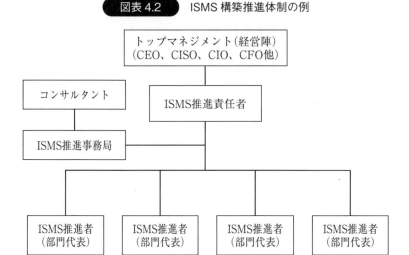

図表 4.2　　ISMS 構築推進体制の例

ことと、なすべきことは要求しているものの、どのようにすればよいかの具体
策（how to）は組織が自分で考えることになっているため、ISMS 責任者及び事
務局は、ISO/IEC 27001 の要求事項を理解し、構築手順を確立しなければな
らない。

　組織の事務局メンバーが、本書のような解説書や、教育機関が提供する
ISMS の各種研修を受講して構築を推進する場合に、教育・研修では、伝えき
れないノウハウが必要な場面が発生する。そのため、ISMS を構築するときに
は試行錯誤を繰り返し、手戻りが発生するなどの非効率な構築推進で、事務局
要員とそれに参加する ISMS 推進者（部門代表）の時間を大量に費やすことにな
る場合が多い。

　コンサルタントは、ISMS の要求事項を熟知し、ISMS 構築のノウハウを習
得しているうえ、リスクアセスメント手順や内部監査手順を始め、マネジメン
トシステムに必要な規則（ルールや標準など）や手順のひな型を準備している。

　そのため、ISMS 推進事務局を効率的に支援することができ、短期間で効果
的な ISMS を構築することと、スムーズな認証取得をサポートすることができ
る。コンサルタントの起用は、外部にお金が出ていくため、節約すべきコスト
と考える組織（経営者）が多いが、従業員の消費する時間も給与という形で支払

われており、コンサルタントを採用した場合に節約できる従業員の時間（給与
など）とのバランスで考えるとよい。

　一般的には、組織が独自に ISMS を構築した場合、約 2 年程度が目安である
が、コンサルタントを起用した場合は、10 〜 12 カ月が相場であるため、その
差の約 1 年分の従業員（ISMS 構築にかかわるすべての従業員）の ISMS 構築に
掛ける時間コスト（約 1 年分の給与と、その時間を本来業務に費やした場合の
組織の利益）とコンサルタント費用との、費用対効果で考えることができる。

　コンサルタントを起用する場合は、任せきりで「作ってもらう」のではなく、
「指導してもらう」ことで、自分自身が ISMS を構築するという姿勢が重要で
ある。コンサルタントは契約期間が終わればいなくなるため「作ってもらっ
た」場合には、組織がそれを引き継いで運用することができなくなってしまう
からである（実際に、繁忙を理由にコンサルタント任せで ISMS を構築した組
織が認証取得から数年で運用体制を維持することができず認証を放棄した事例
がある）。

　また、ISMS の認証審査では、組織が ISMS を自分自身で運用できる力量が
あるかどうかを審査するのであり、コンサルタントは組織のメンバーに代わっ
て審査に参加し審査員の質問に回答をすることはできない。せっかくのコンサ
ルタント費用を無駄にしないためには、ISMS 推進事務局自身が汗をかき、自
らの力で ISMS の運用ができるようにコンサルタントのノウハウを積極的に吸
収することが重要である。

第 5 章
ISMS 導入検討

ISO/IEC 27001

　ISMS 導入検討では、**第1章〜第3章**の内容を踏まえ、組織の経営戦略とそれを達成するための解決の一つとして、ISMS を導入することを検討し、基本的な合意を行う。

　ISMS 導入検討は、組織の ISMS 導入の必要性と内外の課題を認識し、ISMS の適用範囲を定め、導入のためのスケジュールと費用などを見積もることが目的である。

　本章以降の解説では、**5.1 節**に示す仮想会社をモデルとした参考事例を紹介し、実際の構築の具体的なイメージを提供する。

5.1 組織の経営戦略に伴う機会と情報セキュリティリスクの検討[1][2]

（1） 第5章以降で使用する参考事例の仮想会社プロフィール

> **■仮想会社**
>
> ○○電子株式会社：中小企業向けのオフィス用電子機器販売、及びネットワーク構築（構内 LAN とインターネット接続）と保守サービスを手がける中堅企業で、最近は事業の拡大のため個人向けのパソコンやタブレット、周辺機器及びサプライ用品の会員制インターネット通信販売も行っている。
>
> 社員数は約 400 名で、拠点は 3 箇所あり、倉庫兼配送センターと工場を兼ねた本社と関東北部と南部に 1 箇所ずつ営業・保守拠点を置いている。
>
> **図表 5.1** は、仮想会社の組織である。社長の下に 4 つの事業部を置き、それぞれの責任者が経営陣を構成している。

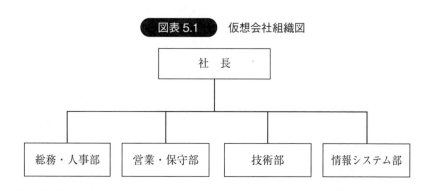

図表 5.1 仮想会社組織図

1) 本章以降で項目番号に脚注で「ISO/IEC 27001 箇条 X」という記述がある場合、それぞれの項目が ISO/IEC 27001 の規格要求事項のどの項目に関連しているかを表している。本書では、ISMS 構築で「どのようにすればよいか（How to)」を中心に記述しているが、「なぜそうしなければならないのか（Why)」「何が要求されているのか（What)」は、本書の姉妹書である『ISO/IEC 27001 情報セキュリティマネジメントシステム（ISMS）規格要求事項の徹底解説【第 2 版】』の該当項目を参照してほしい。
2) ISO/IEC 27001 の「箇条 6.1 リスク及び機会に対処する活動」「箇条 4.2 利害関係者のニーズ及び期待の理解」「箇条 6.1 リスク及び機会に対処する活動」の「箇条 6.1.1 d)」

仮想会社の部門別機能役割は以下のとおりである。

① **総務・人事部**

従業員(社員、派遣社員、アルバイト、パートタイマー)の採用と勤務管理、福利厚生、不動産や居室の設備管理、社員証(入退出カードを兼ねる)の管理

② **営業・保守部**

新規顧客開拓、既存顧客管理、ネット通販システム運用、保守点検サービス、倉庫兼配送センター管理

③ **技術部**

顧客提供サービスの開発及び提供、ネットワーク構築及び各種 IT 設備機器の設置、スマート電化システム開発、補修サービス

④ **情報システム部**

社内ネットワーク及び IT 機器の設置と管理、情報システムへのアクセス管理、ネット通販システム開発・保守、社員向け ICT 教育、情報セキュリティ推進統括

図表 5.2 は、仮想会社の ISMS 導入検討にかかわる推進関係者の役割である。小さな組織では、各役割を兼務してもよい。

図表 5.2　ISMS 導入検討における関係者とその役割

ISMS 推進関係者	役割
トップマネジメント	組織の戦略とその課題を明確にする。
ISMS 推進責任者	トップマネジメントの戦略とその課題を理解し、情報セキュリティ導入の検討を行う。
ISMS 推進事務局長	ISMS 推進責任者を補佐し、実務的な調査と検討を行う。
ISMS 推進事務局メンバー	ISMS 推進事務局の指示に従い、必要な調査に協力する。

注)　仮想会社のプロフィールは、理解を助けるための事例を使った解説のために使用するものであり、解説の内容を適用するための前提ではない。

（2）　組織の戦略遂行に伴う課題と利害関係者のニーズと期待[3]

　ISMS を構築する場合、組織の戦略遂行に伴う課題と利害関係者のニーズと期待を考慮しなければならない。

　組織の戦略遂行に伴う課題を検討する。例えば、ネット通販の事業会社が、顧客の囲い込みと購買動向を分析するために、自社のネット通販会員登録システムを構築し、クレジットカード情報を含む個人情報を大量に保有した場合、その情報が流出すると、組織存続の危機となる可能性がある。したがって、そのような戦略を採用する場合、個人情報を不正アクセスや不正持ち出しから防護しなければならないという課題が生じることになる。

　また、利害関係者のニーズと期待を考えると、個人は、自身の個人情報がネット通販以外の目的で使用されたり、不正流出によって詐欺などの悪用で損害を被ったりすることを望まないというニーズがあり、自分の個人情報をそのような不正行為から適切に保護してもらえるだろうという期待がある。

　組織の経営戦略に伴う機会と情報セキュリティリスクの検討を開始するにあたり検討チームが必要となるが、検討後にすぐ交代するような一時的なメンバーではなく、引き続き ISMS の導入の推進役となるメンバーを選定することが望ましい。

　組織の一部ではなく、組織全体の ISMS を構築する場合は、全社的なリスク管理を担当する部門か、情報システムを主管する部門が中心となる場合が多い。また、組織全体にかかわるプロジェクトの中心となるスタッフであるため、個人的な能力も必要となる。この場合、組織全体の協力を得られるような人選をすべきである。

（3）　組織とその置かれている状況を理解する[4]

　図表 5.3 は、組織を理解するための業務機能関連概要図の例である。組織を理解するためには、組織の内部における業務機能の関連と、外部組織との接点（インタフェース）を明確にする必要がある。

　この図は、業務機能関連図を簡略化した例であるが、組織全体を A4 又は

3）　ISO/IEC 27001 の「箇条 4　組織の状況」
4）　ISO/IEC 27001 の「箇条 4.1　組織及びその状況の理解」

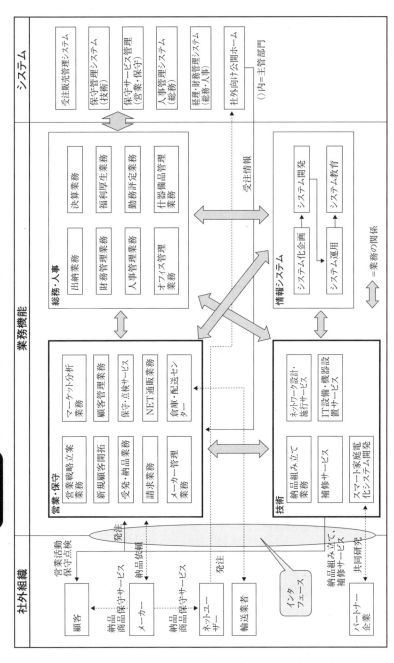

図表 5.3 組織の経営戦略に伴う機会と情報セキュリティリスクの検討例

A3 用紙 1 枚から(多くても)数枚で俯瞰できるような簡略な図を作成し、各業務機能の関連や、外部組織との関連が一望できるようにすることが望ましい。また、できれば組織内の業務機能関連について、依存関係がわかるようにするとよい。

　次に、業務機能の関連とそこでやり取りされる情報、及び外部組織との関連とそこでやり取りされる情報を、概要レベルで把握できるよう、**図表 5.3** の外部組織や内部の業務機能を識別(番号を付けるなど)し、必要情報を整理するための管理表を作成するとよい。管理表の形式は問わないが、外部組織や組織の業務機能単位に、業務機能の概要と取扱う情報、他の機能又は外部組織との関係と情報のやり取り(情報、仕組みなど)、業務機能と情報システムの関連、及び情報システムで保管・利用される情報などを理解できるようにする。

　図表 5.3 は参考例であり、業務の関連矢印は簡略にしている。組織が実際に作成する場合は、図の描き方や形式などは自由にしてよく、情報の関連が具体的にわかるように工夫していただきたい。

(4)　組織の経営戦略とその課題及びリスクを認識する[5]

　図表 5.4 は、図表 5.3 及びそれに基づいて整理された情報を考慮し、組織の経営戦略(ビジネスチャンス≒機会の最大化など)とそれに関連する情報セキュリティ上の課題とリスクを整理したものである。経営戦略として何を採用するかは「経営陣」の役目であり、ここでは経営陣の考えを確認し、まとめなければならない。

　図表 5.5 は、リスクと機会の関連を示したものである。リスクは機会を選択した場合に必然的に「生じる」ものである。そして、一定の条件(リスク源に対する対応状況)では相関関係が生まれるため、図のように機会を拡大すれば、リスクも増大するのである。

　情報セキュリティ目的は、組織が選択した機会に付随するリスクを低減し、機会のメリットを最大限にするための活動によって達成できるものであるが、適切なリスク対応(左向きの矢印)を行えば、機会(縦軸)とリスク(横軸)の関係

---

5)　ISO/IEC 27001 の「箇条 4.1　組織及びその状況の理解」「箇条 6.1　リスク及び機会に対処する活動(箇条 6.1.1 d))」

　組織の経営戦略に伴う機会と情報セキュリティリスクの検討例

	経営戦略	課　題	情報セキュリティのリスク
1	中小企業向けに、オフィスの LAN 設置とサーバ、PC などの電子機器接続、及びその保守サービス(リモート保守含む)をセットで安価に提供することで、大手のクラウドサービスに対抗し、売上業績を 3 年で 2 倍にする。	顧客のオフィスのネットワーク設置情報やリモート保守のためのアクセス管理情報、及び顧客に設置したネットワークのリモート保守のためのログイン認証機能の安全性確保	顧客のネットワーク設置情報やリモート保守関連情報の漏えいによる顧客への不正アクセスによる損害賠償請求、信頼の喪失による契約の減少
2	自前の通信販売サイトと合わせて、「楽天市場」にも出店し、顧客情報を共有しながら販売を強化する。PC やタブレットなどの周辺機器メーカーとも連携し、3 年で全社売上の比率を現在の 10% から 40% に拡大させる。	法人及び個人の顧客情報の有効利用と安全性確保の両立	顧客情報の不正アクセスによる改ざんや流出によって損害賠償請求や信頼の喪失による契約の減少
3	営業担当者に保守サービスの技術を習得させ、定期保守と営業活動をセットにしたり、営業訪問時に依頼される保守の出張費を無償にしたり、交換部品等の収益を増やすなどで、顧客との接点を拡大し、保守料収入の確保と、顧客の信頼の維持・拡大を図る。	社員に対する営業と技術保守という異なる業務に対応できる人材の確保と、業務を遂行するための知識と技術の教育・訓練	社員の力量(技術力)不足による顧客のネットワーク障害やデータ損壊による損害賠償請求や、信頼の喪失による契約の減少、及びベテラン営業や技術保守要員の流出(転職など)による保守サービスの遅延又は中断による損害賠償請求や信頼の喪失による契約の減少
4	地域に密着したサービス網を活かし、大手メーカーが手掛ける高額なスマート家庭電化(太陽光発電、蓄電池、燃料電池、家庭内電化製品の節電コントロール、監視カメラ連動警報装置、遠隔地家族間映像通話システム、ペット監視・給餌システム、介護支援システム、ビデオ録画・エアコン起動/停止・風呂湯沸し等の遠隔操作、など)を、	共同開発した技術情報の管理と特許取得などの手続の管理	技術情報の管理不備による情報流出で、同業他社に不正利用され、競争優位が崩れる。また、先行特許申請により、自社の技術が利用できなくなり、事業が継続できなくなる。 　共同開発のパートナー企業から情報が流出し、同様の損害が発生する。

図表 5.4　つづき

	経営戦略	課　題	情報セキュリティのリスク
4	安価に組み合わせて提供する技術を、都内の町工場と共同で開発し、ローエンドの顧客層の獲得を目指す。		

図表 5.5　組織の経営戦略に伴う機会と情報セキュリティリスクの検討例

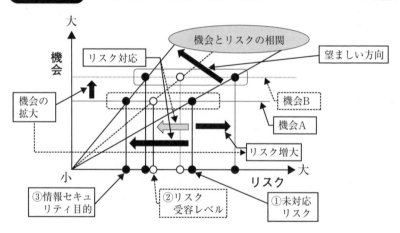

が変化（横軸に対する縦軸の増加量が増すためグラフの傾きが縦軸に近づく。すなわち、起点からの傾きが左に移動する）するため、機会が拡大しても、リスクを受容レベル以下に収められる。

（5）　利害関係者のニーズと期待を理解する[6]

　図表 5.6 は、利害関係者のニーズと期待の検討例であるが、利害関係者には図表 5.3 で識別した外部組織、及び株主、出資者、更に関連するならば、監督

---

6)　ISO/IEC 27001 の「箇条 4.2　利害関係者のニーズ及び期待の理解」

図表5.6 利害関係者のニーズと期待の検討例

利害関係者	情報セキュリティに対するニーズと期待
顧客(個人、法人)	自分／自社の情報が常に正しく管理され、注文した商品やサービスを迅速に正しく提供してもらいたい。クレジットカード情報、電話番号、住所、メールアドレス、購買履歴などの情報が目的外利用されたり、外部流出して詐欺などの被害に遭わないよう、安全な管理をしてもらいたい。
共同開発者(パートナー企業)	共同開発したスマート家庭電化システム技術が、第三者に漏えいし、ビジネスチャンスを失いたくない。
サプライヤー(原材料、ICT設備機器、電子機器用精密部品、輸送業者、ITサプライ用品など)	受発注から納品・請求・支払いまでの情報処理プロセスの安定運用と、処理誤りの防止を望む。
従業員(社員、派遣社員、アルバイト、パートタイマー)	従業員の個人情報(経歴などの採用時情報、健康診断情報、成績評価情報など)の誤用、流用、漏えい、改ざんなどがないように、安全な管理を望む。 情報漏えいやサイバー攻撃などによる情報の破壊や改ざんなどで、組織の評判や信用を失い従業員の雇用や収入(給与、賞与)に影響するようなことがないようにしてほしい。
株主、出資者	情報漏えいやサイバー攻撃などによる情報の破壊や改ざんなどで、組織の評判や信用を失い株価や配当に影響するようなことがないようにしてほしい。

官庁など[7]も含めるとよい。

　利害関係者は、必ずしも組織に対して直接的な意思表示をするとは限らないため、組織側が推定するしかない場合もある。その場合は、「関連する情報の特性(個人情報、企業秘密など)によって、その情報が、流出したら、使えなくなったら、改ざんされたら」と考えた場合、利害関係者にどのような損害又は迷惑がかかるかを検討し、そのようなことが起きないことが利害関係者のニーズであり、期待であると推定することができる。

---

7) 例えば、金融分野なら「金融庁」、通信分野なら「総務省」、IT分野なら「経済産業省」である。

5.2 ISMS 導入の目的と適用範囲の検討[8]

(1)　ISMS導入目的の検討

　ISMS の適用範囲は 5.1 節を通じて決定されるべきである。組織の戦略は、ビジネスチャンス(機会)を得るためのものであるが、同時に戦略実行にはさまざまなリスクが内在している。

　仮にどのような戦略であっても、「XX を実施する」と決めた瞬間に「XX が実施できない可能性」というリスクが必ず発生するのである。そして、その実施できない可能性というリスクには、「資金が不足する」「人材が手に入らない」「技術力が不足する」「機密情報が漏えいする」「不正アクセスによって情報が破壊又は改ざんされる」などといった、さまざまな要因がかかわるため、組織の戦略実行において、何を守ろうとするのかによって実施すべき対応が違ってくるのである。

　例えば、ISMS の適用範囲を決定する場合、以下の①～③のようなケースが可能である。

(2)　ISMS適用範囲の決定

① **組織全体を適用範囲とする**

② **組織の一部(以下に例示)を適用範囲とする**

- 組織の事業やサービス、製品などを対象とする。
- 組織の部門やプロジェクトなどの組織の一部を対象とする。
- 組織の拠点(例えば、「XX データセンター」)を対象とする。
- 情報システムや特定の資産(顧客個人情報、戦略的先端技術など)を対象とする。

③ **資本関係のない委託先又は提携先の全体又は一部を適用範囲に加える**

　いずれの場合でも、組織は ISMS を適用するために、適用範囲の境界を定義し、適用範囲の外とのインタフェースを明確にする必要がある。

　ISMS を適用するということは、適用範囲に対して組織は情報セキュリティ

---

8)　ISO/IEC 27001 の「箇条 4.3　情報セキュリティマネジメントシステムの適用範囲の決定」

のための対策が実施できなければならないが、例えば、クラウドサービスを利用した社内情報システムを構築している場合、「クラウドサービス」の契約によって自組織が管理する部分（仮想環境など）は適用範囲にすることはできるが、「クラウド事業者のデータセンター」という拠点には、クラウド事業者の承諾と協力がなければ、自組織の ISMS を適用することは不可能であり、独立した他組織（クラウド事業者）が、一顧客である組織の ISMS の配下に入ることを承諾するとは考えられない。したがって、この場合、「クラウド事業者のデータセンター」という拠点は、ISMS 適用範囲の対象とすることはできない。

　認証機関によって判断が異なる場合があるが、③の資本関係のない委託先又は提携先を適用範囲に加えることについて、これまで筆者がかかわって認められた適用範囲の条件は、「委託先又は提携先の ISMS を一つの ISMS として運用できること」であった。つまり、主となる ISMS 運用組織の情報セキュリティ方針及び情報セキュリティ関連規程に従って、委託先又は提携先の ISMS を一体として運用することができることが必要になる。もちろん、資本関係がない独立した組織（委託先又は提携先）が主たる組織の規程に従う義務はないため、契約や覚書によって、可能な範囲で一つの ISMS を目指すのであり、どのような形で適用範囲とすることが認められるかは、ISMS を構築する前に認証機関と相談すべきである。

　このように、ISMS 適用範囲を決定する場合、「組織の ISMS が適用できる範囲である」ということがその条件となる。

　また、組織の一部を ISMS 適用範囲とする場合、営業 1 課、営業 2 課のように、2 つの組織が同じ仕事を行い、情報及び情報システムもすべて共有しているとすれば、営業 1 課のみというように片方だけを ISMS 適用範囲とすることは難しい。例えば、2 つの営業課の従業員に情報へのアクセス権を与えるのが、それぞれの課長であった場合、営業 1 課は ISMS によって特定の従業者にアクセス権を設定しても、営業 2 課の課長が無制限にアクセス権を与えていたのでは情報を保護できなくなってしまう。

　したがって、ISMS 適用範囲を決定する場合には、組織の目的に関連した保護対象としての「情報」が、設定した適用範囲のなかで確実に保護（情報セキュリティ）することができなければならない。

　ISMS の適用範囲には、「人、組織、物理、技術」の観点で適用範囲（組織の

管理責任が及ぶ範囲)を決定し、その境界を明確にしなければならない。また、組織が適用範囲内で実施する活動と他の組織が行う活動と関連がある場合にそのインタフェース及びその依存関係を明確にする必要がある。

　自社のウェブサイトで、単に組織の情報を公開しているだけであれば、組織が外部からのアクセスを許可しているネットワークの入り口(ルータ又はファイアウォールなど)が境界となるが、取引先に VPN で接続するための環境を提供しているような場合は、相手先に設置した VPN 接続機器(又はソフトウェア)も適用範囲に入る可能性が高い。

　図表 5.7 は、適用範囲の例(全社を対象範囲)であるが、適用範囲の状況が具体的にわかるようにするとよい。この段階では、最終確定である必要はなく、ISMS の構築の過程で確定することになる。

図表 5.7　適用範囲の例(全社を対象範囲とする)

区分	適用範囲
事業	1. オフィス用電子機器販売 2. ネットワーク構築・補修サービス 3. IT 周辺機器及びサプライ用品ネット販売 4. 営業・保守サービス 5. 社内情報システムの開発と運用 6. 経理、人事、総務など社内管理業務全般
組織	【○○電子株式会社全部門】 1. 総務人事部 2. 営業・保守部 3. 技術部 4. 情報システム部 5. 配送センター
対象者	当社に就業する従業者(常駐委託先従業員、派遣社員含む)
事業所	1. 本社：－　住所　－ 2. 倉庫兼配送センター：東京配送センター　－　住所　－ 3. 営業所：北関東営業所、南関東営業所　－　住所　－
施設・装置・ネットワーク	1. すべての情報処理施設(サーバ、ネットワーク機器など) 2. 全事業所内で使用されるすべてのパソコン、IT 端末 3. 各事業所間に設定したインターネット VPN 4. リモート接続を許可された外部接続のパソコン、IT 端末
ネットワーク境界	1. インターネット接続用ルータ兼ファイアウォール 2. モバイル接続用リモートアクセス認証 RAS サーバ

5.3　ISMS 導入推進組織の検討[9]

　ISMS の構築では、**図表 5.8** のようにトップマネジメント(代理でもよい)を責任者とする推進体制の確立が重要である。特に ISMS 事務局は、ISMS の要求事項を理解し、どのように組織の ISMS を構築するかの基準や手順を決定し、推進メンバーに伝えなければならない。また、ISMS 責任者(トップマネジメント)は、ISMS の構築を、組織の戦略を遂行するための課題(戦略実行に伴う情報セキュリティリスク)の解決手段と位置づけ、責任体制を確立し必要な権限を与える必要がある。

　一般に、ISMS 導入推進体制は、ISMS 構築の過程で深い知識と経験を身に付けるため、そのまま ISMS 構築後の運用体制に移行する場合が多い(ただし、ISMS 導入時と運用開始後では役割と責任が変化する)。コンサルタントの起用に関しては、**4.3 節**を参照されたい。

　ISMS 推進体制は、専任でなければならないとか、組織の人数に対して何人いなければならないという決まりは存在しないが、ISMS 推進事務局は、組織のマネジメントシステムを適切に運用するために必要な活動を行うために、複

図表 5.8　ISMS 導入推進体制の例

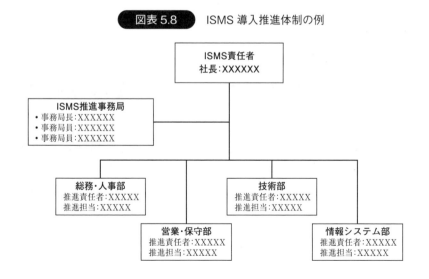

---

9)　ISO/IEC 27001 の「箇条 5.3　組織の役割、責任及び権限」「箇条 7.1　資源」

図表 5.9　ISMS 推進組織の役割の例

ISMS 推進体制	役割と責任
ISMS 責任者 （トップ マネジメント）	ISMS の構築推進の最高責任者であり、経営陣として、組織が行う ISMS の構築について明確なコミットメントと支援を行う。また、本組織の ISMS を確立するための体制整備、従業者に対して役割・責任を明確にし、情報セキュリティの意識を浸透させ、ISMS を遵守するための施策を検討し実行する。
ISMS 推進 事務局長	ISMS の構築推進の実務責任者として、ISMS 責任者を補佐し、組織の戦略的目的を達成するための障害となる課題(情報セキュリティリスク)を明確にし、リスクの低減のための活動を設計し、導入する。
ISMS 推進事務局 メンバー	ISMS 推進事務局長を補佐し、その責任を果たすことを確実にする。
ISMS 推進責任者	ISMS 推進責任者は、組織を構成する階層(部、課など)の管理職層が就任し、ISMS 推進事務局に協力し、ISMS 責任者の求める ISMS の構築を実行する。
ISMS 推進者	ISMS 推進者は、ISMS 推進責任者を補佐し、その責任を果たすことを確実にする。

数人で構成することが望ましい。

　図表 5.9 は ISMS 推進体制の例であるが、ISMS 適用範囲に複数の部門が存在する場合は、部門ごとに推進責任者と担当者を置き、ISMS 事務局の支援と、自部門の内部の ISMS 運用を実施させるのが適当である。

5.4　ISMS 導入スケジュールと費用の見積り[10]

（1）　ISMS導入スケジュール

　ISMS の構築は、図表 4.1 に示したように、数多くの作業を伴うため、ISMS を構築した他の組織の事例を参考とし、一般的には 1〜2 年の期間でスケジューリングし、進捗とともに見直すのがよい。図表 5.10 は 1 年で構築する場合の例であるが、手戻りの少ない効率的なプロジェクト管理が必要である。特に、現状調査とリスクアセスメントは、ISMS の有効性に大きく影響を与える工程であり、十分な工数を割り当てる必要がある。

---

10)　ISO/IEC 27001 の「箇条 7.1　資源」

図表 5.10　ISMS 導入スケジュールの例（12 カ月）

ISMS構築スケジュール	20XX年											
	1月	2月	3月	4月	5月	6月	7月	8月	9月	10月	11月	12月
ISMS構築												
1. ISMS導入検討	■											
2. ISMS導入準備		■										
3. ISMS構築												
3.1 ISMS構築体制確立		■										
3.2 現状調査			■									
3.3 リスクアセスメント				■	■							
3.4 情報セキュリティ方針と目的の確立					■							
3.5 リスク対応計画策定						■						
3.6 事業の中断・阻害時の情報セキュリティ計画策定						■						
3.7 マネジメントシステム運用計画策定							■					
3.8 文書化された情報の準備							■					
3.9 業務プロセスとISMS要求事項の統合化検討							■					
4. ISMS運用												
4.1 運用計画策定								■				
4.2 ISMS運用開始(公表・通知、教育・訓練)								■				
4.3 情報セキュリティパフォーマンス測定									■			
4.4 内部監査										■		
4.5 マネジメントレビュー										■		
4.6 改善											■	■
5. ISMS認証登録												
5.1 認証登録申請								■				
5.2 認証審査											■	■
5.3 認証取得後対応												■

　ISMSの導入目的を達成するためには、ISMS構築の完了がゴールではなく、ISMS運用の開始からが本番だと認識する必要がある。

　ISMSの構築時にコンサルタントを起用したかどうかにかかわらず、ISMSの運用は、組織自身のISMS運用体制を確立し、維持・改善しなければならないのであり、ISMS運用・維持・改善に責任をもつISMS推進事務局は、ISMS(ISO/IEC 27001)の規格要求事項や、リスクアセスメント手法などを十分に理解し、実践しなければならない。

　ISMS構築スケジュールには、ISMSの認証が取得できればよいというだけでなく、ISMS推進体制のメンバーが、ISMSの構築を通してISMSを理解し自分自身の手で運用・維持・改善ができるように、「学ぶ」という観点も加味すべきである。

　なお、マネジメントシステムの基本部分は、ISO 9001(品質)やISO 14001(環境)、ISO 22301(事業継続)、ISO/IEC 20000(ITサービス)などの導入組織であれば、その経験を生かすことができるため、他のマネジメントシステムの経験者を参画させることは有効である。

(2)　ISMS導入費用

ISMS導入費用には、以下のようなものが考えられる。

- ISMSの事務局の教育費(ISMS審査員研修受講など)
- ISMS推進体制のプロジェクト期間中の人件費
- ISMS規格書(JIS Q 27000、JIS Q 27001、JIS Q 27002など)
- ISMS規格解説書、ISMS構築参考書/手引書
- ISMS構築プロジェクトに必要な事務用品や機材(PCほか、業務用以外に必要であれば)
- コンサルタント費用

ISMS構築に伴う、情報セキュリティ対策にかかわる費用[11]は、ISMS構築プロジェクトで必要とされる対策が決定した時点(ISMS構築の最終段階)で決

---

11)　情報資産の保管のための什器・備品や、現在実施していない情報セキュリティ対策で、入退室管理のための電子錠や供連れ防止システム、ログ管理システム、ネットワーク管理システム、SIEM(サイバー攻撃対策ツール)、暗号化システムなど、コストのかかる対策費用のことである。

めればよい。

　情報セキュリティ対策費用については、必ずしも高額なセキュリティシステムの導入が必須ではなく、組織の ISMS の目的を達成するために必要な対策が行われることが重要であり、「リスクゼロ」を目指すのではなく、費用対効果を考慮し、「リスクを受容範囲内に収める」ことを目指すべきである。

　例えば、入退室管理で、「業務時間中に第三者がオフィスエリアに無許可で立ち入らないこと」が、リスクの受容レベルであるとした場合、「オフィスの入口には応対用のカウンターが置いているが、カウンターの横からそのままオフィス内に入れる構造」の状態では、カウンターが無人のときに宅配業者などの外来者がオフィスの中まで入ってきて、席にいる社員に声をかけるような状況が生じる。このままでは、情報セキュリティとしてはリスクが受容できない状態であるため、入口のカウンターの後ろに、第三者が入れないように、壁とドアを設置しなければならないのだろうか。

　この場合、業務時間外で、社員不在時にはドアが施錠される運用がされていれば、業務時間内の社員在室時に限定した配達員による覗き見や、情報の無許可持ち去りのリスクが対象となる。

　このような場合、カウンターの横にあるオフィスエリアの入口に「社員以外立ち入り禁止」の表示（立て看板など）と、カウンターに社員を呼び出すための呼び鈴か内線電話を設置することで、勝手に入ってはならないことを知らせる。また、社員に、配達員などが表示を無視して入ってくるようであれば即座に注意するように周知徹底するなどの対策を実施すれば、勝手に入ってくることを防止できるため、リスクは受容レベルまで下げられると考える。

　このように、必ずしも設備投資を伴う高価な対策だけでなく、職場で工夫すれば改善できる対策も数多くあるので、予算処置は、職場の工夫や改善では対処しきれないリスクを対象にすればよい。現場レベルでのリスクアセスメントとリスク対応の検討によって、本当に必要な対策は何かを決定することが重要である。

　コンサルタントの起用では、プロジェクト開始から ISMS 認証取得までのコンサルティングサービスで、100 万円から 1,000 万円クラスまでの幅広い料金が存在する。しかし、値段の高低とコンサルティングの善し悪しは必ずしも関連していない。重要なのは金額だけで判断するのではなく、コンサルタントの

人柄や能力と、組織の状況に合わせた適切なコンサルティングを提供してくれる柔軟性をもっているかどうかを見極めることである。

　個人事業主の優秀なコンサルタントもいれば、大手コンサルティング会社で、社内教育を受けただけの新米コンサルタント（若いということではない）もいるので、コンサルタントの能力や、信頼できる人物かどうかを面接などで確認することは有効である。

第 *6* 章
ISMS 導入準備

ISO/IEC 27001

　ISMS 導入準備では、第5章で決定した ISMS の導入目的と適用範囲を前提とした ISMS 構築のための体制を確立し、ISMS 導入プロジェクトの開始に必要な準備と実行計画を作成する。

　ISMS 導入検討時に決定した内容に関しても、ISMS 導入準備の過程で不具合があれば見直す。

6.1 ISMS 導入推進事務局メンバーの選定と 教育[1]

　ISMS 導入検討メンバーを中心に、これから ISMS の導入推進を行うスタッフ(事務局メンバー)を決定し、その役割と責任を明確にする(**図表 5.8 を参照**)。

　国際規格(ISO/IEC 27001：2022[2])に準拠した ISMS を導入するには、まず、国際規格が何を要求しているのかを知る必要がある。ISMS 推進事務局のメンバーは、ISMS 要求事項が書かれている規格票又は規格が引用されている規格解説書を購入し学習しなければならない。

　ISMS 関連の国際規格は、「ISMS ファミリー規格」と呼ばれ、複数の規格で構成されている。ISMS を構築するうえで、揃えたいのは以下の 3 つの規格票である。ISO/IEC の邦訳版(対訳)は高額(JIS 規格票の約 10 倍)のため日本語のみでよければ JIS 規格票を購入すればよい。なお、ISO/IEC の邦訳版(対訳)及び JIS の規格票は大手書店や日本規格協会で購入できる。

　ただし、③の JIS Q 27002 は、本書の解説で主な内容を解説しているため必須ではない。

① **『JIS Q 27000：2019 情報技術—セキュリティ技術—情報セキュリティマネジメントシステム—用語』**

　　27000 シリーズの用語の定義が書かれている。27000 シリーズの共通用語はそれぞれの規格票には記述されないため、ほかの規格票に書かれている用語を理解するための辞書として活用する。

② **『JIS Q 27001：2023(ISO/IEC 27001：2022)情報セキュリティ，サイバーセキュリティ及びプライバシー保護—情報セキュリティマネジメント**

---

1)　ISO/IEC 27001 の「箇条 5.3　組織の役割、責任及び権限」「A.6.1.1 情報セキュリティの役割及び責任」「箇条 7.1　資源」「箇条 7.2　力量」

2)　「ISO/IEC 27001：2022」の最後尾の数字は発行年を表している。国際規格(ISO/IEC)及び JIS 規格票は発行年によって管理されているため、発行年が異なる旧規格(ISO/IEC 27001：2013)は、一定期間を置いて新しい規格に移行しなければならない。また、ISMS の認証も規格の発行年と連動しているため、新旧の規格が混在する期間(通常は、新規格発行から 2〜3 年間が移行期間として新旧の規格が併存し、新規格発行から半年程度は旧規格での認証取得が可能である)は、どの発行年の規格で認証を得るか決定しなければならない。例えば、すでに旧規格で ISMS 構築を進めている場合、旧規格による認証を取得したうえで、次の審査で新規格に移行することも可能である。

システム―要求事項』

　ISMS の認証のための要求事項である。認証取得にはこの規格に記述されている要求事項をすべて満たしている必要がある。

③　**ISO/IEC 27002：2022 に対応する JIS 規格票（執筆時点では発行されていない）**

　ISO/IEC 27002 は要求事項ではなく、情報セキュリティを実践するための具体的なガイドを提供するものであり、ISO/IEC 27001 の附属書 A の管理策と ISO/IEC 27002 の管理策は基本的に同じ内容[3]であるが、ISO/IEC 27002 はさらに、管理策ごとに目的や手引というガイダンスが付加されている。ただし、本書執筆時点（2023 年 10 月）では JIS Q 27002 の改正対応規格は未発行であり、2024 年に発行される見込みである。

　ISO/IEC 27001 の附属書 A に書かれている管理策は抽象度が高く具体的ではない。管理策で要求されていることについて、何を実施することを求めているかを具体的に知るには、本書の解説を読む必要があるが、管理策の実践の事例についてさらに詳しく知りたい場合は ISO/IEC 27002 の手引を参照していただきたい。

　国際規格は、「すべての国のすべての組織が利用できる」ことを目的としているため、特定の国や特定の組織のみに適用するような具体的な記述はできない。このため、要求事項は簡潔で抽象的に書かれており、規格の利用者は、その要求事項をどのように実施するかを自分自身で決めなくてはならない。

　したがって、上記の 3 つの規格票を熟読しても完全に理解することは難しいため、教育機関が提供する ISMS の解説コースや、ISMS 審査員研修コースなどの受講、及び本書の姉妹書である『ISO/IEC 27001 情報セキュリティマネジメントシステム（ISMS）規格要求事項の徹底解説【第 2 版】』（日科技連出版社）などを使って学習することを推奨する（コンサルタントを起用する場合でも学習する必要性はなくならない）。

3）　ISO/IEC 27002 の管理策は、要求事項ではないため、ISO/IEC 27001 の「XX しなければならない」に対し、「XX することが望ましい」と書かれている。

6.2 ISMS導入スケジュールとプロジェクト推進体制の決定[4)]

経営陣[5)]はISMS導入推進事務局を通じて、プロジェクト推進体制を確立しなければならない。

一般的には、適用範囲のなかに含まれる部門から、推進責任者と推進担当者を選定するが、通常業務の体制と異なる体制をつくることは、指示命令系統の混乱を招くため、部門長を推進責任者とし、部門長が指名した者を推進担当とすることが多い（**図表5.9**）。

また、ISMSの運用段階では、内部監査を実施するため、内部監査員を選定する必要がある。内部監査を実施するためには、ISMSに関する十分な知識が必要となるため、専門の教育が必要である。ただし、ISMS推進事務局のメンバーが部門のISMSを監査し、ISMS推進事務局の監査を組織内の内部監査員に実施させることも可能である。ISOの監査の指針[6)]では、「監査人は自分で自分の仕事を監査してはならない」という原則があるため、内部監査員の選定では、内部監査員自身の仕事を監査しない体制をつくれるように配慮する必要がある。

予算があれば、外部の監査会社や、コンサルタントに内部監査を委託してもよい。ただし、コンサルタントの場合は、監査対象組織のISMS構築・運用に直接的にかかわっていない（指導、助言のみ）ことが条件となる。例えば、コンサルタントがISMS文書の作成を請け負っていた場合、文書監査をコンサルタントが行うのは、自分自身の仕事を監査することになるため、ISOの監査の指針に反している。

ISMS導入スケジュールは、**図表5.10**で大枠を示したが、ISMS導入のプロジェクト体制が決まったら、導入スケジュールと作業項目、及び各担当の役割分担などを話し合い、実行可能なスケジュールを確定させる。

4）　ISO/IEC 27001の「箇条5.3　組織の役割、責任及び権限」「箇条7.1　資源」
5）　適用範囲が全社ではなく、組織の一部門である場合は部門長が経営陣という位置づけでよい。
6）　ISOの監査の指針は、『ISO 19011：2018（JIS Q 19011：2019）マネジメントシステム監査のための指針』である。

　また、実行スケジュールが決まったら、作業工程ごとにレビュー会を組み込み、次のステップに進んでもよいかを確認する必要がある。

　レビュー会は、できれば**図表 5.10** で示した工程の項番単位で行うことが望ましく、可能であればトップマネジメントが参加すべきである。トップマネジメントがレビュー会に参加できない場合は、別途、ISMS 推進事務局（代表でよい）がトップマネジメントにレビュー結果を報告してもよい。

　第 2 章で解説したように、ISMS 構築におけるトップマネジメントの役割は重要であるため、ISMS 構築プロジェクトの各段階で、組織の戦略に基づいてトップマネジメントが考える情報セキュリティが実現されるように積極的な関与が求められる。

6.3 情報セキュリティ方針（案）の作成と ISMS 適用範囲の確定[7)]

　第 5 章で解説したように、情報セキュリティは組織の経営戦略に伴う課題に関連する情報セキュリティリスクを解決するための活動であるため、どのような課題を解決するかの方針は、その後の ISMS 構築の方向性に大きく影響する。

　情報セキュリティ方針は、ISMS を構築し、運用、維持、改善するための方針と、情報セキュリティ対策を適切に設定し運用するための方針（例えば、アクセス制御、情報分類（及び取扱い）、物理的及び環境的セキュリティなど）による、情報セキュリティ方針群で構成されるが、ここでは、ISMS を構築し、運用、維持、改善するための方針を決めることになる。情報セキュリティ方針群については、**7.3 節（2）項**で解説する。

　情報セキュリティ方針は、本来トップマネジメントが作成すべきであるが、ISMS 推進事務局が原案を作成してもよい。ただし、その場合は、必ずトップマネジメントの承認を得ることが必要である。

　この時点では、まだ組織の状況の把握が必ずしも十分ではないため、プロジェクトの進捗によって方針が変化することも念頭に置くべきである。

7）　ISO/IEC 27001 の「箇条 4.3　情報セキュリティマネジメントシステムの適用範囲の決定」「箇条 5.1　リーダーシップ及びコミットメント」「箇条 5.2　方針」

　情報セキュリティ方針を策定する場合、ISMSの規格では、「組織の目的に対し適切である」ことが求められている。組織の目的を「情報セキュリティ導入の目的」と読み替えれば5.1節によって明確になった情報セキュリティのリスクへの対応と考えてよい。ただし、この内容は、次の現状調査の結果(7.2節を参照)で変化する可能性があるため、現状調査の作業が完了した時点で見直しを行う。

　図表6.1は、組織内に周知するだけでなく、外部向けのホームページなどで公表することも念頭に置いた方針として、利害関係者の方にも理解しやすい内容としている。また、情報セキュリティ方針を組織の活動に反映するための行動指針も示している。

　ただし、組織の内部に対する方針としては、図表6.1の例だけでは不十分であり、ISMSのマネジメントプロセスに関する基本的な方針を、ISMSの構築、運用、点検、維持、改善の各プロセスについて策定する必要がある。

■内部向け情報セキュリティ方針の例(項目のみ)
　①　組織の状況と利害関係者のニーズと期待の理解
　②　情報セキュリティ方針群の策定

図表6.1　　情報セキュリティ方針の例

・**情報セキュリティ方針**
　　当社は、オフィス用電子機器とネットワーク構築サービスを販売・提供する会社として、業務上取り扱う情報の機密性、完全性、可用性の必要性を認識し、それらを保護することの重要性を当社の経営活動に反映します。このため、当社は、法令や契約事項とその他の規範及び国際標準のガイドラインを遵守しつつ、適切かつ安全に情報資産を取り扱います。これにより、当社は経営戦略に沿った情報セキュリティを実現すると同時に、当社の情報セキュリティに対するお客様、及びその他関係者の皆様の要望と信頼に応えます。

・**行動指針**
　□　当社は、ビジネスの継続的な発展とお客様の信頼に応えるために、重要な情報資産の機密性、完全性、可用性の確保に努めます。
　□　当社は、お客様との契約と法的又は規制要求事項を順守します。
　□　当社は情報セキュリティを確立するための諸施策を確実に実施します。
　□　当社の情報資産の利用・運用にかかわる全従業者は、本方針の趣旨を理解し情報セキュリティ関連規則を遵守します。

---

③ 情報セキュリティ目的の設定と運用及び評価

④ ISMS 適用範囲

⑤ 経営陣のリーダーシップ

⑥ ISMS 運用体制と責任

⑦ リスクアセスメント

⑧ ISMS 文書管理

⑨ 教育・訓練

⑩ コミュニケーション

⑪ 内部監査

⑫ パフォーマンスと ISMS の有効性評価

⑬ マネジメントレビュー

⑭ ISMS の改善

なお、ISO/IEC 27001 の「附属書 A の管理策 5.1」で求められる「情報セキュリティ方針群」のトピックスに対応する方針群は、リスクアセスメントの結果によるリスク対応を検討する段階で策定するため、この時点では検討しない。情報セキュリティ方針群については **7.3 節**の「情報セキュリティ方針と目的の確立」で解説する。

ISMS の適用範囲については、**5.2 節**で決定した適用範囲が適切であることを ISMS 推進体制として確認する。この確認にあたっては、ISMS 推進事務局が ISMS の規格要求事項を学び十分に理解していることが前提である。

ISMS の要求事項では、適用範囲を決めるにあたって「その境界及び適用可能性を決定しなければならない」としている。また、「組織が実施する活動と他の組織が実施する活動との間のインタフェース及び依存関係」を考慮することも要求されている。

このため ISMS 適用範囲は、現状調査の結果(**7.2 節**を参照)を考慮したうえで最終決定することになるが、ここでは、ISMS 構築プロジェクトを開始するうえで、自分たちが ISMS の対象として適切と考える範囲を決定する。

6.4 ISMS導入基本計画（経営資源の投入含む）策定と承認[8]

6.3節までの作業が完了したら、ISMS構築プロジェクトの実行計画を策定する。策定にあたっては、**6.2節**で策定したISMS導入スケジュールを基に、**第7章**以降に示す活動について、5W1Hを意識する。

ISMS導入基本計画では、ISMS事務局の役割とISMS推進責任者及びISMS推進担当者の役割分担を明確にしなければならない。

ISMSは、組織全体で1つの方針、目的、基準、手法に従って構築されるべきであり、部門ごとに異なるやり方で構築するべきではない。例えば、リスクアセスメントについて、ISO/IEC 27001の箇条6.1.2 b)で、「繰り返し実施した情報セキュリティリスクアセスメントが、一貫性及び妥当性があり、かつ、比較可能な結果を生み出すことを確実にする。」ことが求められており、比較可能であるためには、ISMS適用範囲のなかでは、同じ基準、同じ手法でなければならないことは明らかである。

ISMS推進事務局と部門責任者及び担当者の役割は、以下のようであることが望ましい。

① ISMS推進事務局：ISMS構築にかかわるプロジェクト管理全般を担当し、ISMS構築のために必要な基準、標準、手法を決定する。

② 部門責任者及び担当者：ISMS推進事務局が決定した基準、標準、手法に従い、自組織の情報を保護するための諸活動を実施する。

なお、組織のISMS文書の策定は、一般的に、ISMS推進事務局が担当する場合が多いと考えるが、組織の役割に従って整備されるケースもある。例えば、物理的セキュリティは「総務部」、ICT関連の技術的セキュリティは「情報システム部」、人的セキュリティは「人事部」が策定するなどである。

ISMS構築に関する経営資源としては、以下が考えられるが、組織の状況に応じて決定すればよい。

① **要員**

---

8) ISO/IEC 27001の「箇条6.2　情報セキュリティ目的及びそれを達成するための計画策定」「箇条7.1　資源」

　ISMS 事務局と部門推進者の ISMS 構築プロジェクトに対する専従度に応じて、通常業務の割当て量を調整する。通常業務に単純に追加する形では、時間外対応を強いられることになり、ISMS 構築推進体制メンバーのモチベーションが下がるだけでなく、ストレスによる健康被害などの悪影響が出る恐れもある。

　ISMS は構築して終わりではなく、組織が存続する限り継続的に改善を続けなくてはならないため、ISMS の構築段階は「期限のある業務」としての位置づけを明確にし、ISMS が運用段階に入った時点で「通常業務」として位置づけるべきである。

② 什器備品

　既存の組織のメンバーが従事する場合、机や PC などを新たに用意する必要はないが、成果物を格納する場所(紙や媒体を入れるキャビネット、電子ファイルの格納場所など)が必要である。一般的に、専用のプロジェクト室は必要ではないが、大きな組織で専任の ISMS 推進事務局を設置するような場合は、執務スペースと必要な機材を提供する必要がある。

③ 情報システム

　ISMS 構築に関する作業内容及び成果物の収納方法を決定し提供する。ISMS の運用に向けて、情報セキュリティ方針群、ISMS 関連規程、ISMS 運用にかかわる各種申請書、ISMS 教育研修資料、情報セキュリティ関連情報報告(インシデント発生又は未遂、情報セキュリティ活動の弱点や技術的ぜい弱性、その他 ISMS の改善につながる情報)などを関係者が必要なときに参照できる環境を用意する。

④ 諸経費(必要であれば)

　コンサルタント費用、ISMS 推進のための臨時社員の採用、ISMS 認証審査の費用、その他。

　トップマネジメントは、経営資源の投入を含む ISMS 導入基本計画をレビューし、承認しなければならない。

第 7 章
ISMS 構築

　導入準備ができたら ISMS の構築に取り掛かる。

　ISMS の構築では、多くの成果物を作ることになるので、手戻りが最小となるように、これから取り掛かる作業が、次の作業とどのように関連しているのかを理解する。そして、実施する作業の成果物が、次の作業のインプットとなるように、作業のつながりを意識し、全体としての整合性を確保する。

　また、事務局以外のメンバーも参加してくるので、ISMS の導入目的と方針、及び基本的な ISMS の考え方を説明し、事務局が主導する ISMS 構築に主体的に参加してもらうことが重要である。

　なお、本章の ISMS 構築における作業では、**第 5 章～第 6 章の準備段階で行った作業と重複する部分がある**。これは、**第 6 章までの作業における成果物は、組織の ISMS の方向性を定めるために少人数で短期間に作成したものであるため、正式な ISMS 構築体制のなかで調査不足や考慮漏れがないかなどを中心にレビューし、必要な改訂をしたうえで、本章で行う ISMS 構築作業の成果物として完成させるためである。

7.1 ISMS 構築体制確立

■目的

ISMS 構築プロジェクトにかかわるメンバーが明確な目的をもって協力することができるように、体制を確立し、その責任と役割を明確にすることで、ISMS 構築を効率的かつスムーズに行えるようにする。

(1) ISMS導入キックオフ[1]

ISMS 導入準備で決定した ISMS の推進体制メンバー(経営陣、ISMS 推進事務局、ISMS 推進関係者)に対し、ISMS 導入キックオフによってプロジェクト開始の宣言を行うとともに、関係者全員に対する意識づけを行う。

長期間、通常業務以外のことに時間をとられることになるので、ISMS 推進体制のメンバーが高いモチベーションをもって協力してくれるかどうかは、このプロジェクトの重要性を理解し、自分自身の役割と責任を認識できるかどうかにかかっている。

ISMS 導入キックオフには、トップマネジメントと ISMS 構築推進体制のメンバー全員が出席し、ISMS 導入の目的と情報セキュリティ方針の説明、ISMS 構築スケジュールの紹介、ISMS 推進体制の役割と責任の説明、ISO/IEC 27001 の規格要求事項の概要説明、トップマネジメントの決意表明などを行い、ISMS 導入体制のメンバーが、高い目的意識をもってスムーズに ISMS 構築プロジェクトを推進できるようにする。

(2) ISMS導入初期教育[2]

ISMS 構築体制のなかで事務局以外のメンバー[3]に対する初期教育を行う。この教育は単独で行ってもよいが、前項のなかで実施するのが効率的である。

ISMS 導入教育の内容としては、以下の内容を考慮するとよい。

① ISMS 規格要求事項の概要

---

1) ISO/IEC 27001 の「箇条 5.3　組織の役割、責任及び権限」「附属書 5.2　情報セキュリティの役割及び責任」
2) ISO/IEC 27001 の「箇条 7.2　力量」
3) 事務局メンバーは ISMS 導入準備の段階で教育を実施済みである。

② 組織の現状と課題及び利害関係者とそのニーズ及び期待

③ 組織の ISMS 導入目的と基本方針

④ ISMS で使用する主な用語と定義

⑤ リスクアセスメントとリスク対策の考え方

⑥ ISMS 認証取得とその意義

⑦ ISMS 推進体制とその役割及び責任

図表 7.1 は、**第 7 章**における ISMS 構築プロセスの流れで、章・節の下に記述した箇条書はその章・節で行う主な作業又は作業の対象となる成果物である。

7.2 ～ 7.9 節は、作業の基本的な流れを表してはいるが、一部の作業では、後続の節の結果を参照する場合がある。作業を進める前に、各節の説明を精読し参照関係のある作業の進め方については、作業の順番も含めて検討する。役

図表 7.1　　ISMS 構築プロセスの流れ

第5章　ISMS導入検討
- 組織の戦略遂行に伴う課題と利害関係者の要求と期待
- ISMS適用範囲の検討

第6章　ISMS導入準備
- ISMS推進体制と構築スケジュール
- ISMS導入基本計画

7.1節　ISMS構築体制確立
- ISMS導入キックオフ
- ISMS導入初期教育

7.2節　現状調査
- 組織の目的と課題の決定
- 業務フロー
- フロアレイアウト
- ネットワーク関連
- 組織の経営戦略に伴う課題と情報セキュリティリスク
- ギャップ分析
- 資産台帳

7.3節　情報セキュリティ方針と目的の確立
- 情報セキュリティ方針
- 情報セキュリティ目的

7.4節　リスクアセスメント
- リスク基準
- リスクアセスメント手順
- リスク特定
- リスク分析
- リスクアセスメント
- 情報セキュリティリスク対応と管理策

7.5節　リスク対応計画策定
- ギャップ分析結果とリスクアセスメント結果の統合と実行計画
- 残留リスク
- 適用宣言書

7.6節　事業継続マネジメントへの情報セキュリティ継続の組込み
- 情報セキュリティ継続計画策定レビュー・評価
- 情報処理施設の冗長性

7.7節　マネジメントシステム運用計画策定
- ISMSのPDCA設計
- コミュニケーション計画
- 教育・訓練プログラム
- 情報セキュリティパフォーマンスとISMS有効性評価基準、手法
- 内部監査基準と実施プロセス
- マネジメントレビュー運用設計

7.8節　文書化された情報の準備
- 採用した対策と既存社内文書のマッピング
- 未作成文書の特定と整備
- モニタリング方法と必要記録の決定

7.9節　業務プロセスとISMS要求事項の統合化の検討
- マネジメントシステムの管理プロセス確立とリスク対策の実行プロセスの業務プロセスへの組込み

割を分担し、並行作業を行う場合は、最終的に、参照関係にある作業結果の整合化の実施をスケジュールに入れておくこと。

7.2　現状調査[4]

■目的

組織の全体的な目的[5]を理解し、それを達成するために行っている組織の戦略とそれを遂行するための諸活動を明確にする。また、組織の活動にかかわる内外の活動の関連を明確にすることで、組織の目的達成のために必要な情報セキュリティ上の課題を決定する。

（1）　現状調査の観点

現状調査は、以下の 4 つの観点で実行し整理する。

①　組織の目的と課題の決定

組織の全体的な目的とその課題に関連する情報セキュリティの課題を決定する[6]。

②　組織的環境

上記①に関連し、「ISMS 適用範囲の組織（全社又は部分）とどのような情報のやりとりがあるか」「情報を利用したサービスを誰が利用しているか」「組織の情報システムを運用するために必要なサービス（公共インフラなど）は何か」、その他利害関係のある内外の組織を識別し、その目的を明確にする。

③　ICT 環境

---

4)　ISO/IEC 27001 の「箇条 4.1　組織及びその状況の理解」「箇条 6.1　リスク及び機会に対処する活動」

5)　ここでの目的は、組織のミッションと考えてよい。「組織がなぜ存在しているのか」「何を実現することを求められているのか」など、組織の存在意義や使命にかかわる方向性と達成すべき事項を表している。情報セキュリティは、組織の目的を達成するための課題の一つで、情報に関連する課題（情報の機密性、完全性、可用性を維持できない可能性）に処するための活動である。

6)　ISO/IEC 27001 の箇条 4.1 の「組織は、組織の目的に関連し、かつ、その ISMS の意図した成果を達成する組織の能力に影響を与える、外部及び内部の課題を決定しなければならない。」に対応し、情報セキュリティとして対応すべき課題を決定する。ここでの課題は、「顧客の個人情報の保護」のように、組織全体として取り組むべき課題である。

　組織的環境の調査で明らかになった情報システムについて、社内ネットワークの構成、社外ネットワークとの接続、専用線又は VPN などで接続する特定の通信相手、テレワーキング(在宅勤務など)、無線 LAN など、ICT 環境の状況を把握できるようにする。

④　**物理的環境**

　敷地、建屋、施設、部屋などの配置と出入口、外来者の受付と応対場所、荷物の受渡場所、出入り可能な開口部(窓、非常口など)、机、キャビネット、ICT 設備の配置、事務用設備(プリンター、コピー機、FAX など)などの物理的な情報保護に関連する環境を把握できるようにする。

(2)　組織の目的と課題の決定

　経営陣へのインタビューなどを通じて経営陣が考える組織の目的とそれを実現させるための経営戦略を確認し、**5.1 節(4)項**で確認したように**図表 5.4** について ISMS 構築プロジェクトとして検討し確立させる。

　その際、次の(3)項で見直された業務機能関連図(**図表 5.3**)と **7.2 節(6)項**及び **7.2 節(7)項**で見直された**図表 5.6** も参考資料とする。

　なお、これらの情報は組織の秘密に該当する内容であるため、ISMS 構築文書のなかにどこまで記述するかは組織が判断してよい。ISMS として取り組むべき課題が明確になればよいのであり、無理に高度な秘密事項を本来の参照権限者の範囲以外の者に開示する必要はない。

(3)　業務機能関連図の作成(ISMS適用範囲の内部及び外部のインタフェースの識別[7])と内容の分析

　5.1 節で作成した**図表 5.3** を見直し、必要情報を追加する。

　5.1 節では、ISMS の導入に関連し、組織の置かれている状況を把握するために業務機能の関連を調査したが、本項では、具体的なリスクを識別するために、ISMS 適用範囲の内部及び外部のインタフェースを識別し、**5.1 節**で作成した図表を充実させる。

---

7)　ISO/IEC 27001 の「箇条 4.1　組織及びその状況の理解」「箇条 4.3　情報セキュリティマネジメントシステムの適用範囲の決定」

　図表 5.3 だけでは表せない内容については、**図表 5.3** のインタフェースの説明や、依存度を解説する資料を作成するとよい。

　また、重要な業務に関しては、さらに詳細な業務フロー図(**図表 7.2**)を作成し、情報の作成や受渡し、及び入力、出力、利用、保管、廃棄などといった情報のライフサイクルの流れがわかるようにするとよい。

　業務フロー図の作成を行わない場合、重要な情報の利用状況や保管状況が把握できず、実施すべき対策が漏れる恐れがある。また、複製(コピーやバックアップなど)の存在や、情報システムとの関連なども十分に把握できていない場合、管理不備による事件・事故が起きる可能性がある。

　業務フロー図は、大きな情報の処理単位(例えば、受注、配送、請求など)がわかる程度の細かさで作成する。図のなかには、各業務機能において作成又は利用される情報と、次の業務機能に受け渡される情報がわかるように、業務機能のボックスの横や下に、インプット情報、アウトプット情報、保管管理情報などを記述し、わかりやすいものとする。

　内外の業務機能の間に引かれている矢線は、関係を表しているが、必要に応じて線上に関係の説明(キーワード)を書き加えるとわかりやすい。

　また、外部との関係を表す場合、情報をやりとりする手段(手渡し、電子メール、郵送、宅配、通信など)がわかるようにすることで、その後の情報資産

図表 7.2　業務フロー図の例

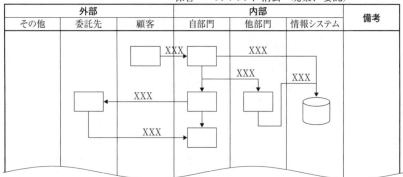

管理につながる情報を管理する。

　図表 7.2 では、部門ごとに作成するために、自部門と他部門を分けて描くようにしているが、ISMS 適用範囲を示しているわけではない。もし、ISMS 適用範囲を、特定の部門、事業、情報システムなどに限定する場合は、ISMS 適用範囲が明確になるよう範囲を枠で囲むか、枠の色を変えるなどの工夫をする必要がある。

　これは、(4)項、(5)項で説明するネットワーク概要図、フロアレイアウト図も同様である。フロー図の□は業務機能(受注、出庫、請求など)を表し、情報システムの筒形はデータストレージで、矢線(→)は情報の流れを表し矢線上の「XXX」は情報の受渡し手段(電子メール、郵送、手渡し、ウェブなど)を表している。

　業務機能は情報を取り扱う機能単位とし、矢線には情報の受渡し手段を簡潔に表記する。また、情報をその業務機能の中で保管管理する場合は、保管する情報を□の右下に描くなどの工夫をするとよい。

(4)　ネットワーク概要図の作成(ISMS適用範囲の内部及び外部のインタフェースの識別とネットゾーンのレベル決定)[8]

　ネットワーク概要図(図表 7.3)は、組織の管理する ICT 環境と、外部の接点が明確に識別できるようにする。また、組織内の構内 LAN についても、スイッチなどで区分されている場合は、概要図上で明確にわかるよう配置する。

　特に外部接続における接点(ルータ、ファイアウォール、スイッチなど)では、フィルタリングやルーティング制御などが必要になるため、すべての外部通信の接点を明記する。

(5)　フロアレイアウト図の作成と境界の定義(セキュリティ区画のレベル決定)[9]

　フロアレイアウト図(図表 7.4)は、ISMS の適用範囲のすべての環境がわかるように作成する。敷地の入口に警備室がある工場のような拠点では、敷地の

---

8)　ISO/IEC 27001 の「箇条 4.1　組織及びその状況の理解」「箇条 4.3　情報セキュリティマネジメントシステムの適用範囲の決定」

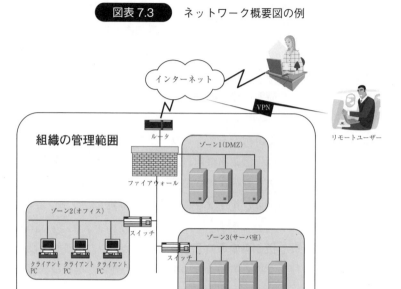

図表7.3　ネットワーク概要図の例

配置図も作成する。

　図表7.4は建屋の入口からの範囲を例にしているが、凡例のように、①受付エリア、②応対エリア、③執務エリア、④サーバエリアの4つのエリアで、それぞれのセキュリティレベルを設定する場合などは、それぞれのエリアの定義を作成したうえで、エリア間の接点(**図表7.4**の○枠で囲まれた人型部分)を明確にする。

　エリアの接点は、リスクアセスメントによって必要とされる入退出管理(以下に例示)を実施することになる。

■**物理的エリアのセキュリティ区分の例**

　①　**受付エリア**：目的をもって訪れる来訪者に対する制限はない。

　②　**応対エリア**：組織の従業者と受付で組織が応対すると決めた外来者が入れる。

9）　ISO/IEC 27001の「箇条4.1　組織及びその状況の理解」「箇条4.3　情報セキュリティマネジメントシステムの適用範囲の決定」

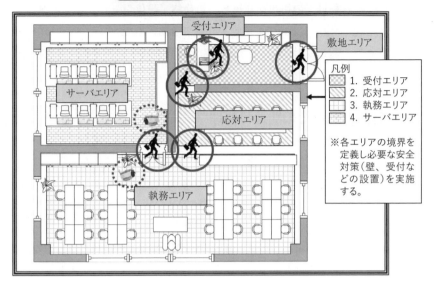

図表7.4　フロアレイアウト図の例

注）　各エリアの境界を定義し必要な安全対策（壁、ドア、受付などの設置や監視カメラの設置など）を実施する。

③　**執務エリア**：組織の従業者と業務上必要と認めた外来者を従業者の同伴を条件に認める。

④　**サーバエリア**：従業者のなかで許可された者、及び保守作業などのために事前に許可した外来者を従業者の立会いの下で作業を認める。

　物理的なレイアウトの確認を行う際に、窓の外側の状況と窓の材質も調査しておく必要がある。1～3階程度の低層階では、外部から窓を破って侵入されるリスクもあるため、窓の材質（普通ガラス、網入りガラス、合わせガラス、強化ガラスなど）や防犯格子などの設置によって外部からの侵入に対する安全性が異なる。また、窓の侵入検知センサーや防犯カメラがある場合は、レイアウト図に記入するとよい。ただし、そのような情報は悪用される可能性があるため、関係者以外は閲覧できないよう厳重に管理する。

　また、エリアのセキュリティ区分を定義する場合、情報の重要度に応じた管理を考慮することになる。例えば、受付エリアは来訪者を制限しない場所であるため、社外秘以上の情報を利用・保管する場所としては不適当であるが、執

務エリアでは、従業者以外の者は原則として入室しないため、業務時間中は必要に応じて社外秘以上の情報を利用し、業務終了後はキャビネットに保管（重要な者は施錠管理）することで安全性を確保できる。したがって、**7.4 節**で行うリスクアセスメントのために、各エリアの情報保管場所と、それを管理している部門や部署も調査し、明確にしておく必要がある。

（6）　外部組織とその関連の整理[10]

第 5 章の ISMS 導入検討時には、まだ組織の状況が詳細に把握できていない段階であるため、見落としや勘違いなどが含まれている可能性が高い。

ここでは、本節の**(3)項**で見直した**図表 5.3** と、それに関連した調査内容を基に、**5.1 節(4)及び(5)項**の**図表 5.4 及び図表 5.6** を見直し、次のリスクアセスメントの作業に必要な情報を正しいものに修正する。

この結果は、情報セキュリティ方針の確定や、情報セキュリティ目的の設定、リスクアセスメントの重点ポイントなど、後続の作業すべてに影響を与えるため、成果物の確定には、関係部署の責任者及びトップマネジメントのレビューを求める。

（7）　組織の情報セキュリティに関連する法令・規制要求事項及び主要取引の契約事項の洗い出し[11]

ISMS では、情報セキュリティ対策のなかに、法令・規制要求事項及び主要取引の契約事項を組み込むことが求められる。

代表的な法令・規制要求事項には以下がある（名称は略称）。

① 　個人情報保護法（特定個人情報保護法を含む）

② 　刑法（コンピュータ犯罪を処罰の対象とする）

③ 　ウイルス作成・提供罪

④ 　不正アクセス禁止法

⑤ 　不正競争防止法

---

10)　ISO/IEC 27001 の「箇条 4.2　利害関係者のニーズ及び期待の理解」
11)　ISO/IEC 27001 の「箇条 4.1　組織及びその状況の理解」「箇条 4.2　利害関係者のニーズ及び期待の理解」

⑥　電子署名法

⑦　迷惑メール防止法(特定電子メール送信適正化法)

⑧　プロバイダ責任法

⑨　通信傍受法

⑩　知的財産関連法(著作権法、不正競争防止法、特許法、意匠権、商標権)

⑪　労働者派遣法(労働者派遣事業の適正な運営の確保及び派遣労働者の就業条件の整備などに関する法律)

⑫　派遣先事業主が講ずべき措置に関する指針

⑬　労働基準法

　本節の(6)項で整理した組織の状況と、事業の内容に関連して、順守すべき又は組織を保護するために利用すべき法令や規制要求事項を洗い出す。

　この際、単に法令や規制要求事項を列挙するのでは意味がない。法令や規制要求事項の何が情報セキュリティに関連するのか、対象となる条文を確認し組織が実施すべき事項を明確にする。

　例えば、刑法では、「XX をした場合犯罪である」ということが明記されているので、組織は、そのようなことをしないようにルールを定め、業務プロセスの整備と従業者に周知する必要がある。電磁的記録不正作成罪(第 162 条の2)の場合、情報の改ざんが犯罪に当たるため、情報の変更管理や暗号化による保護などを行うとともに、アクセス権管理や編集権限管理などで改ざん防止を図る。

　不正競争防止法の場合は、組織が順守するのは当然であるが、不正アクセスなどで秘密情報が流出した場合、流出した情報(例えば、先端技術開発情報など)が不正に利用されることを防ぐために、不正に取得した相手に対し、情報の利用差止めや損害賠償などを求めることになるが、そのような手続が有効であるには、法の求める条件が成立していなければならない。

　不正競争防止法は、単にその組織が保有していた情報であったというだけでは成立せず、「営業秘密[12]」でなければならない。営業秘密は、組織がそれを「秘密」として扱っている必要があり、仮に、㊙という印を付けた情報であっ

---

12)　営業秘密とは、秘密として管理されている生産方法、販売方法その他の事業活動に有用な技術上又は営業上の情報であって、公然と知られてないものをいう。

ても、社内の誰でも閲覧や入手できる状態を放置していた場合、㊙という扱い
をしていたとはいえないため、不正競争防止法が適用されない可能性がある。

　ISMS では、このような事態が起きないよう、情報を分類（公開、社外秘、
部外秘、関係社外秘、極秘など）し、その重要度に応じたアクセス制限を行う
ことが求められている。

　以上のように、法令や規制要求事項は、名称を列記した単なる一覧表の作成
を求めているのではない。組織は、保護すべき情報に関連し、法的対応として
何をしなければならないかを明確にしたうえで、それを情報セキュリティ対策
として実行する。

　なお、主要取引の契約事項については、契約のなかで要求事項が明確[13]であ
るため、組織の情報セキュリティ対策として必要な事項を抽出し、まとめるが、
本節(6)項で見直された**図表5.6**に含めるとよい。

(8)　規格要求事項(箇条4〜10と管理策)と既実施事項のマッ ピング(ギャップ分析)[14]

　ISMS では、組織が自らの置かれている状況に応じた情報セキュリティを実
施することが求められているが、ISO/IEC 27001 の規格要求事項を満たした
ものにしなければならない。

　これから ISMS を導入しようという組織であっても、すでに何らかの情報セ
キュリティ対策[15]を実施しているため、規格要求事項に対し、現在どこまで対
応できているかを確認し、未対応のギャップを明確にする。ギャップ分析の必
要項目は**図表7.5**のとおりである。

　規格本文の箇条4 〜 10 の要求事項に関しては、ISMS 認証を取得する場合
はすべての要求事項を実施していなければならないため、未対応のギャップが
あれば対応する。

　ギャップ分析では、規格要求事項と組織が行っている活動を的確に関連づけ
る必要があるため、ギャップ分析者は ISO/IEC 27001 の規格要求事項を学習し、

---

13)　例えば、守秘義務、情報の安全管理、利用者の範囲の制限などである。
14)　ISO/IEC 27001 の「箇条4.4　情報セキュリティマネジメントシステム」
15)　例えば、入退出管理、コンピュータシステムのアクセス管理、マルウェア対策、事
　　件・事故対策などである。

　ギャップ分析表の項目の例

	項目	内容
1	ISO/IEC 27001 要求事項	ISO/IEC 27001 の要求事項の項番、タイトル、要求内容
2	規格要求充足状況(ギャップ)	ISO/IEC 27001 要求事項に対する組織の現状(対応状況)
3	現在の状況	2 の規格要求充足状況を「○：対応している、△：一部対応している、×：対応していない、－：対象外」などに分類する
4	対応する規程類	○又は△の場合、現在対応している組織の規程類があればその名称(可能であれば条項番号まで)
5	対応策	△又は×の場合、どのように対応するかの対策(候補)
6	規程類の策定又は改訂	対応する規程類がない場合、どのように策定又は改訂するか

注)　上記の項目と内容を一覧表形式で作成する。一覧表は、項目を横軸にとり、ISO/IEC 27001 要求事項を縦軸に展開する。

組織が行っている活動が規格要求事項を満たしているかを判断できるようにする。

　また、ギャップ分析の際にベースラインとして、組織が達成したい管理策の実施レベルを組み込むとリスクアセスメントトとしても活用することができる。

　ギャップ分析の結果、未対応の部分について、ISMS 要求事項に適合させるように対応しなければならないが、附属書 A の管理策に関するギャップに関しては、リスクがなければ対応する必要はないため、リスクアセスメントの結果で判断する。

(9)　情報及びその他の関連資産に関する情報資産台帳作成[16]

　ISMS では、情報セキュリティ目的を設定し、その目的を達成するための活動を行うことが求められているが、情報セキュリティ目的は、組織の戦略に基づく活動において、組織が求める機会(利益の拡大、存在価値の向上など)に対

---

16)　ISO/IEC 27001 の「箇条 6.1.2　情報セキュリティリスクアセスメント」「箇条 8.2　情報セキュリティリスクアセスメント」「附属書 A の管理策 5.9　情報及びその他の関連資産の目録」

し、付随する情報セキュリティのリスクを減少させることである。

　情報セキュリティは、「情報の機密性、完全性、可用性を維持する」ことであるから、守るべき対象は、「情報セキュリティ目的に影響を与える情報及びその他の関連資産(情報処理施設を含む)」ということになる。そこで、情報及びその他の関連資産を登録する情報資産台帳(図表 7.6)を作成し、組織が定めた情報セキュリティ方針群、及び情報セキュリティ目的の達成を阻害する要因となるリスクに関連する情報と情報に関連する資産を登録する。

　そして、その資産の機密性(許可された者だけが利用できること)、完全性(間違いがなく揃っていること)、可用性(利用可能であること)が失われた場合に、組織に与える影響度(ダメージ)とその影響を引き起こす原因となるリスクが顕在化する起こりやすさ(発生の可能性)を評価する(図表 7.7)。これら図表 7.6 と図表 7.7 は情報資産台帳の一つの資産に対する管理項目である。

　この後の 7.4 節では、このリスクの影響度と発生可能性を評価し、リスクレベルを決定するための基準を策定し、資産と情報処理施設に対するリスク対策を決定することになる。情報資産台帳には、作成時点のリスクレベルとリスク対策実施後のリスクレベルを記入し、7.4 節で定めるリスク受容レベルを超える資産と情報処理施設の有無を管理する。

　原則として、リスク受容レベルを超える資産と情報処理施設に対しては、追加の対策を実施してリスクを受容レベル以下に抑制しなければならないが、諸般の事情で対処できない場合は、そのリスクを受容するか、リスクを回避(リスクの対象をなくす)又は共有(アウトソーシング又は保険加入など)することを検討する。掲載した情報資産台帳の項目は一例であり、組織の状況に応じて必要な項目を付け加えたり、削除したりしてもよい。

　上記の項目と内容を一覧表形式で作成する(図表 7.6、図表 7.7)。一覧表は、項目を横軸にとり、資産を縦軸に展開するとよい。

(10)　資産管理責任者とリスク所有者の決定[17]

　資産の管理者は、自身の管理下にある資産のライフサイクル(作成、受領、

---

17)　ISO/IEC 27001 の「箇条 6.1.2 c)　次によって情報セキュリティリスクを特定する」
　　「箇条 8.2　情報セキュリティリスクアセスメント

図表 7.6 情報資産台帳の記入項目例

項目名	記入事項
資産名	資産を識別する名称：管理者が同じで保管や取扱いが一緒にできるものは個々の帳票名やデータ名でなくグループ化して記入してよい。
資産内容	資産の概要：どのような資産か理解可能な程度に記入する。
入手・作成元	社内外の入手・作成元名称　【例】XX 部、顧客、仕入れ先など
配布・送付先	社内外の配布・送付先名称　【例】XX 部、顧客、仕入れ先など
情報媒体	情報を記録している媒体名称　【例】紙、光磁気ディスク、ハードディスク、フラッシュメモリ、CD-R/RW、DVD-R/RW、映像フィルム、頭脳（人間のみ）など
保管装置	媒体を装着している装置又は入れ物の名称　【例】大型コンピュータ、小型コンピュータ（サーバ含む）、デスクトップ PC、ノートブック PC、フォルダ、ケース（磁気テープなどの格納用）、携帯電話、通信制御装置、ネットワークなど
保管設備	保管装置を保護している設備名称　【例】キャビネット、ラック（サーバ格納用など）、ディスク引出し、デスクトップ（机の上）、その他（床の上）など
保管場所	保管設備の設置部屋の名称　【例】受付、執務室、作業場、書庫／倉庫、サテライトオフィス、高セキュリティオフィス（警備室など）、コンピュータルーム、機密室（役員室など）など
利用システム名	資産がコンピュータ内に保管されている電子データの場合、その情報（データ）を取り扱うためのシステム名を記入する。共有ファイルサーバのフォルダで管理している場合は、「ファイル管理システム」など
機密区分	情報の機密分類：公開、社外秘、部外秘、関係者外秘、極秘などの分類を記入
保存期間	情報及び媒体の保存期間：法定保存期間のあるものはその年数を基本とし、それ以外は、組織の必要性に応じて定めたものを記入する。
廃棄方法	資産の保管期限満了、又は利用修了の情報資産について、廃棄する場合の方法を記入する。【例】消去、破壊、細断、溶解、焼却など
資産管理責任者	資産の保管・管理に責任をもつ者の役職名　【例】情報システム部長など
リスク所有者	資産に関連するリスク（機密性、完全性、可用性の喪失につながる事件・事故の可能性）に責任をもつ責任者（情報資産の管理責任者と同一である場合が多い）
利用者	情報を利用する者の組織、範囲名　【例】営業部員、○○サービス顧客

利用、送付、保管、廃棄など）に責任をもつ管理者である。

　リスク所有者は、情報及び情報処理施設の資産に関するリスクを管理し、リスクを受容レベルに保つ責任をもつ管理者のことである。リスク所有者は、リスクの対象である情報及び情報処理施設のアクセス権の管理や、リスク対策の

図表 7.7　情報資産台帳のリスク評価項目例

項目名		記入事項
リスク評価（C：機密性）	影響度	• 機密性が損われた場合の影響度数値 　業務に対する影響の大きさを記入する。
	［リスク対策前］ リスクレベル^{注1)}	• 影響度＋起こりやすさ＝リスクレベル 　リスク対策を行っていない場合のリスクレベルを記入する。
	［上位レベルリスク分析^{注2)}による対策実施後］ リスクレベル	• 影響度＋起こりやすさ＝リスクレベル 　上位レベルリスク分析(情報資産を特定せずに、媒体の種類、保管装置・設備、保管場所などを行うリスク分析)を行った場合のリスクレベルを記入する。
	［詳細リスク分析^{注3)}による対策後］ 発生可能性	• 発生可能性の数値 　詳細リスク分析による対策による発生可能性の評価結果でその値を記入する。
	［詳細リスク分析による対策後］ リスクレベル	• 影響度＋起こりやすさ＝リスクレベル 　上位レベルリスク分析による対策後のリスクレベルがリスク受容可能レベルを超えるものに詳細リスク分析による対策を追加し、最終的に決定したリスクレベルを記入する。
リスク評価（I：完全性）	影響度	• 完全性が損なわれた場合の影響度数値 　業務に対する影響の大きさを記入する。
	［リスク対策前］ リスクレベル	• リスク評価(C：機密性)と同じ
	［上位レベルリスク分析による対策実施後］ リスクレベル	
	［詳細リスク分析による対策後］ 発生可能性	
	［詳細リスク分析による対策後］ リスクレベル	
	［リスク対策前］ リスクレベル	
リスク評価（A：可用性）：上記 C、I と同じレイアウトで記入する。		

注1)　リスクレベル：「影響度＋起こりやすさ＝リスクレベル」で表される値で、数値が大きいほどリスクが高くなる。リスクレベルを下げるには、リスク対策によって影響度を下げるか、起こりやすさを下げる必要がある。

注2)　上位レベルリスク分析：資産を特定せず、組織の状況と利害関係者のニーズと期待を考慮したうえで、組織の保有又は利用する資産全体に関連するリスクを分析し、リスク対策を決定する。個々の資産それぞれのリスクを分析するわけではないため、特定の重要な資産に関してはリスク対策が不十分であることが考えられる。

注3)　詳細リスク分析：特に重要な資産(上位レベルリスク分析による対策ではリスクレベルが受容水準以下にならないもの))に対し、当該資産のリスクを洗い出し、上位レベルリスク分析による対策で十分かどうかを評価する。不十分である場合は追加のリスク対策を実施する。

導入、実行、点検、維持、改善を行う。

　リスクは「目的に対する不確かさの影響」と定義されているが、情報セキュリティ目的（資産の機密性、完全性、可用性の維持改善）が達成できないことによる影響（損害の発生）と考えるとわかりやすい。したがって、リスク所有者とは、情報セキュリティ目的に責任をもつ責任者と考えることができる。

　情報セキュリティ目的は、組織全体と部門、階層別に作成することが求められるので、組織全体のリスク所有者は経営陣であり、部門、階層におけるリスク所有者は部門長と考えてよい。一般的に、資産の直接の管理責任者は部門長であるため、情報資産台帳上のリスク所有者は資産の管理責任者（＝部門長）である場合が多い。ただし、物理的又は電子的な不正侵入のように、資産管理責任者とリスク対策責任者が異なる場合もある。

　リスク所有者は、資産管理責任者と同じ場合もあるが、組織によって、リスク所有者と資産管理責任者を分けている場合は、リスク所有者と資産管理者それぞれを記入する。ただし、資産のリスクは、情報資産台帳の個々の資産に直接結びついているとは限らない。例えば、第三者の侵入による窃盗や破壊などはすべての資産に関係するし、情報の入出力における人的ミスの発生や、資産の移動や受渡しにおける紛失や盗難、損壊などは、あらかじめ取り扱う資産は特定されていない。

　このことから、情報資産台帳におけるリスク所有者とは、特定のリスクの所有者ではなく、資産に関連するリスク全般に対する責任者と考えてよい。

　したがって、特定の資産に関係しないリスクに関しては、リスク自体に責任をもつ責任者を決定することも検討すべきである。例えば、物理的な不正侵入に起因するリスクについては総務部長がリスク所有者であり、電子的な不正侵入は、ネットワークを管理する情報システム部部長がリスク所有者であるなど、組織がもっているリスクを管理するために適切な管理体制がとれるようにする。

（11）　情報資産台帳の記入上の注意

　情報資産台帳はすべての資産を詳細に管理するのが目的ではなく、資産のリスクの認識と、機密性、完全性、可用性の観点から、事件・事故が生じた場合に、組織に与える影響（資産価値）を評価し、リスク対策を検討することが目的である。したがって、不必要に詳細な台帳を作るのではなく、保管管理の仕方、

保管・設置場所、管理者・リスク所有者などが同じであれば、可能な限りまとめるのがよい[18]。

　リスク評価項目は、リスクアセスメントの基準及び手順を策定し、その結果を管理できるようにする。

　情報資産台帳のリスク評価では、最終的にリスクレベルがリスク受容レベル（7.4 節(2)項で解説）以下になることが望ましいが、種々の事由でリスク受容レベル以下にできない場合がある。

　例えば、業務用システムを運用しているサーバに対し、最新の OS の適用又はセキュリティパッチなどの適用をすれば安全性が高まる（リスクが受容レベル以下となる）が、業務用システムのプログラミングの問題で、サーバのシステム環境を最新の状態にすると業務用システムが作動しない場合がある。このような場合は、業務用システムの改訂又は入替えなどのタイミングで最新のOS やセキュリティパッチが適用できるようにしなければならないため、当該業務用システムを使用している間はリスクを受容せざるを得ない。

　また、すべてのドアを IC カードの電子錠にすることで、入退室のリスクを受容レベル以下にすると決めても、1 つのドアで約 100 万円のコストがかかるため、組織の予算の関係で重要な区画のドアから順に導入するとすれば、その間、重要度の低い区画のドアの入退出管理のリスクは受容することになる。このように、リスク受容レベルを超えたリスクを受容しなければならない場合は、情報資産台帳上だけでなく、個々の資産について、リスク受容の管理を行うべきである。

　なお、本節の(10)項で記述したように資産のリスクは、情報資産台帳の個々の資産に直接結びついているとは限らない。リスクアセスメントでは、個々の資産に結びつく資産特有のリスクと、個々の資産を特定しないリスクがあることを理解する必要がある。

（12）　構成管理

　ISO/IEC 27001 の附属書 A の「8.9　構成管理」では、ハードウェア、ソフトウェア、サービス及びネットワークのセキュリティ設定を含む構成管理する

---

18)　例えば、ISMS 文書、業務委託契約書、システム開発資料などである。

ことが求められている。セキュリティ設定では、OS やアプリケーションなどの技術的標準の管理などを行うが、技術標準の管理対象となるハードウェア（ネットワーク機器を含む）、ソフトウェア、関連ドキュメントなどの物理的及び論理的構成を把握し、セキュリティ設定とハードウェア（ネットワーク機器を含む）、ソフトウェア、関連ドキュメントなどの構成との関連を正しく管理することが求められる。

　そのために、重要な情報を扱うシステムについて、構成管理のための台帳や管理票を作成し維持・更新する仕組みを構築することが望ましい。

7.3　情報セキュリティ方針と目的の確立

■目的

　情報セキュリティ方針と目的を確立することで、**7.4 節**で説明するリスクアセスメントの方向性を定める。また、リスクの評価やリスク対策における重要度の判断の基礎とする。

（1）　情報セキュリティ方針[19]

　6.3 節で作成した情報セキュリティ方針を（必要があれば）見直し、正式な方針として承認し、確定させる。

　なお、この情報セキュリティ方針は、次の**（2）項**の情報セキュリティ方針群の最上位に当たる方針である。

（2）　情報セキュリティ方針群の策定[20]

　情報セキュリティ方針群について、ISO/IEC 27002：2022 では、以下のようなトピックスごとの方針を策定することを紹介しているが、組織は、**7.1 節**の現状調査の結果を踏まえ、ISMS 適用範囲の特徴と利害関係者のニーズや期待に応えるための情報セキュリティ方針群を定める。その際、次の**7.4 節**で解説するリスクアセスメントの結果を踏まえ、トピックスごとにまとめた情報セ

---

19)　ISO/IEC 27001 の「箇条 5.2　方針」
20)　ISO/IEC 27001 の附属書 A の管理策「5.1　情報セキュリティのための方針群」

キュリティ対策をどのように実行するかを検討し、情報セキュリティ方針群として整理する。

■**情報セキュリティ方針群のトピックスの例**

① アクセス制御

② 物理的及び環境的セキュリティ

③ 資産管理

④ 情報の転送

⑤ 利用者終端装置の安全な構成及び取扱い

⑥ ネットワークセキュリティ

⑦ 情報セキュリティインシデント管理

⑧ バックアップ

⑨ 暗号及び鍵管理

⑩ 情報の分類及び取扱い

⑪ 技術的ぜい弱性の管理

⑫ セキュリティに配慮した開発

例えば、①の「アクセス制御」では、次のような方針が考えられる。

「当社の情報資産に対するアクセスは、その情報資産のリスクレベルに応じてアクセス許容範囲を設定する。その際、社員区分(正社員、契約社員、派遣社員、アルバイト、パートタイマー、協力会社社員など)、職位・職階、業務上の必要性などを考慮する。

また、すべての情報資産は、許可のないアクセスから可能な限り保護されなければならず、不正利用や誤使用などの不適切なアクセスから保護するために、外部ネットワークからの不正侵入防止、利用者の識別・認証(本人であることの確認)、情報資産へのアクセス権限の適切な設定、不正アクセスの早期発見、アクセス記録の取得などの対策を実施し維持・改善する。」

(3) 情報セキュリティ目的の策定[21]

情報セキュリティ目的は、情報セキュリティ方針群に基づいて、ISMS 適用

---

21) ISO/IEC 27001 の「箇条 6.2　情報セキュリティ目的及びそれを達成するための計画策定」

範囲全体と、部門及び階層において策定する。

　情報セキュリティ目的は、単に設定するだけでなく、目的を達成するための活動を計画し実施することや、その活動の結果と ISMS の有効性を監視及び測定し評価すること、及びマネジメントレビューに目的の達成度を報告することが求められており、日本語では「目的」と翻訳されているが、原文の"objectives"には「目標(target)」や「着地点(goal)」という概念を含んでいる(ISO/IEC 27000 の用語の定義「3.49　目的」の注記を参照)。ここでの情報セキュリティ目的は、**7.4 節(5)項**のリスクアセスメント実施のために、より具体的な目的を設定する。

　まず、ISMS の適用組織全体の情報セキュリティ目的を設定し、次に部門又は階層ごとにその役割責任を果たすための目的を設定する。その際、部門・階層ごとの情報セキュリティ目的設定では、現実的で効果的な目的を設定するために次の**7.4 節**で行うリスクアセスメントの結果を考慮する。

　例えば、「顧客の個人情報の漏えいを起こさない」という全社的な目的を設定した場合、「営業部」「人事部」「情報システム部」などでは所有している情報資産が異なることと、組織の業務機能の役割が違うため、同じ部門目的を設定したのでは全社の目的を達成するための活動につなげることが困難である。

　この場合、以下のような部門目的が考えられる。

　① **営業部**

　顧客から入手した個人情報や営業秘密へのアクセス権管理を徹底し、顧客個人情報の無許可アクセスを年間でゼロ件とする。

　② **人事部**

　情報セキュリティの規則及び手順の順守について全社員を教育し、顧客個人情報への無許可アクセスを行わないことを含む情報セキュリティの誓約書に全員を署名させる。

　③ **情報システム部**

　顧客管理システムのアクセス制御と不正アクセスの監視によって、不正アクセスによる顧客情報の漏えいや改ざんを防止し、顧客に重大な影響を与える事件・事故を年間でゼロ件とする。

7.4 リスクアセスメント

■目的

　組織の情報セキュリティ目的の達成に対する不確かさ（リスク）につながる事象とその影響を評価し、組織にとって受容できない影響を及ぼす事象発生の原因となる要因及び事象発生の結果に対する対応を決定する。

（1）　リスクアセスメントの考え方

　ISMS におけるリスクとは、情報セキュリティ目的に対する不確かさの影響

　であるが、不確かさとは、目的を達成するための活動を行った結果、望ましい方向又は望ましくない方向へ乖離する可能性である。例えば、情報セキュリティ目的の一つに、「情報セキュリティ違反を年間 10 件以内とする」を設定した場合、種々の ISMS 活動を行っても情報セキュリティ違反が 10 件を超える可能性のことである。

　それではあらゆる手段を使って情報セキュリティ違反を抑えればよいかというと、情報セキュリティの観点からは、望ましくない方向への不確実性が減少すればよいと考えるが、情報セキュリティの有効性を高める場合、設備投資などのコストの増加や業務上の制約が増大する場合がある。

　例えば、組織の活性化や効率性を優先すれば、情報は、すべての従業者が自由に閲覧・利用できることが望ましいが、利用可能な者が増えれば人的ミス又は故意による情報の破壊、改ざん、漏えいのリスクが増大する。よって、利用の制限を加えるのであるが、閲覧・利用を当該情報の業務に関連する必要最小限に絞ってしまうことにより、「直接の関係者でない者でも組織内の有用な情報を入手し、新たなビジネスチャンスを考案する」という機会を奪ってしまうかもしれない。また、発生しても 100 万円程度の損失で済むリスクに対し、1,000 万円の情報セキュリティ対策投資をしていては費用対効果に問題がある。

　情報セキュリティは、本来「組織にとって有用な情報を活用するために、付随するリスクを予防、防止する」ために必要であるとされたものである。したがって、組織の情報セキュリティ対策は、組織の目的と戦略に照らして適切でなければならない。

　ISMS の現状調査で、機会とリスクを検討するのは、組織の経営戦略に伴う

リスクを低減し、機会の利益を最大にするためのものであるから、情報セキュリティ対策の決定にあたっては、情報セキュリティ対策の有効性も重要であるが、情報の有効活用及び業務効率なども考慮点となる。

例えば、法令順守や個人情報保護など、組織の判断でリスクを受容してはならない事項を除き、組織の責任で行うリスク対策は、組織の目的と戦略に照らして適切でないと判断した場合、次の(2)項で定めるリスク受容基準にしたがってリスクを受容し、当該対策を実行しないか影響の少ない代替策を採用することができる。

本節の(2)～(10)項までの手順は、必ずしもこの順番で実施しなければならないわけではないが、それぞれの作業の成果物間の整合性を保たなくてはならない。仮に並行作業を行ったとしても、成果物の関係があるものは、最終的に整合を図る必要がある。例えば、組織の状況の把握と情報セキュリティ方針及び目的の策定を並行して行った場合でも、組織の状況の把握の結果が、情報セキュリティ方針及び目的に反映されるようにする。

(2) リスク基準の検討と決定[22]

リスクアセスメントを実施するために、「リスク受容基準」と「リスクアセスメント基準」を含むリスク基準を策定する。リスク基準の策定に際しては、情報セキュリティ方針と情報セキュリティ目的との整合性を考慮する。

(a) リスク受容基準

情報セキュリティにおいては、情報セキュリティ目的を達成するための情報セキュリティ対策を実施した後に、なお残存するリスクを受容する際に判断する基礎となる考え方、尺度、標準である。

一般的には、リスクレベルによるリスク受容レベルを定めるための基準と、特定のリスクについて、リスク受容レベルを超えて、なお受容しなければならない場合に、どのような場合にそのリスクを受容するかを判断するための基準である。

---

22) ISO/IEC 27001 の「箇条 6.1.2 a)　次を含む情報セキュリティのリスク基準を確立し、維持する。」

　リスクは、「目的に対する不確かさの影響」であるため、影響自体も不確か
である。したがって、リスク受容基準を数値化できる評価基準にしようとして
も、結局は不確かさから抜け出すことはできない。リスク受容基準は、組織に
とって必要十分な情報セキュリティ対策が実施されることを確実にするための
ものであることを念頭に置いて策定する。

　図表 7.8 は、リスク受容基準の例であるが、内容は組織の情報セキュリティ
目的に関連づけて決定する。リスク受容基準は、図表 7.10 の例に当てはめる
ことで運用する。

(b)　リスクアセスメント基準

　リスクアセスメントを実施するにあたり、リスク評価を行うために以下のよ
うな基準(考え方、定義、尺度、標準など)を決定する。

　この基準を決定する際に、情報セキュリティ目的との関連性を考慮し、CIA
の喪失における影響や、起こりやすさの分類、リスクレベルの評価などについ
て整合性を保つようにする。

①　影響度分類

図表 7.8　　リスク受容基準の例

リスクレベルによる受容	リスクレベルは、影響大(レベル4)の情報セキュリティインシデントを起こさないことを目指すとともに、影響中以下のリスクレベルについては、発生しても組織に甚大な影響を及ぼさない程度を受容レベルとする。ただし、法令違反などの順守にかかわるリスクに関しては受容してはならない。 　リスク受容レベルは、リスクマップ(図表 7.11)の起こりやすさと影響度の和が、上記を満たすレベルとなるよう、情報セキュリティ委員会で検討し決定する。
個別リスク受容	特定の資産に対するリスクが、リスクレベルの受容レベルを超える場合で、技術的、期間的、財務的な理由により、リスクの低減対応が実施できない場合、リスク所有者と ISMS 責任者の承諾によりリスクを受容できるものとする。 　ただし、リスク受容にあたっては、リスクが受容レベル以下にするためのリスク対策が実施できない理由、当該リスク対策に代わる代替策の提示、リスク対策が実施可能となる条件などを明記した申請書を作成し、1 年間のリスク受容を認める。 　次の年度もリスク受容を継続する場合は、再申請とする。

影響度は、事象が発生した結果が組織に与える影響の大きさであり、情報資産(情報及び情報処理施設に関連する資産)が、機密性、完全性、可用性のそれぞれについて、組織が被る影響度を評価する基準として、**図表7.9**のように定義する。

影響度分類を定義する場合、短期的な目的や部門階層ごとの目的に対する個々の影響ではなく、組織の全体的な状況(事業形態など)や利害関係者のニーズ及び期待を考慮し、機密性、完全性、可用性ごとに組織全体の目的に対する統一した分類を決定する。

② **起こりやすさ(事象の発生可能性)の分類**

情報資産に対するリスクが顕在化すること(可能性が現実のものとなること)に対する起こりやすさを評価する判断基準を策定する。

起こりやすさは、組織の情報セキュリティの対策の実施と、その有効性によって影響される。**図表7.10**は、リスクアセスメントの内容と、リスク対策の実施度合いを考慮した分類となっているが、組織が定めるリスクアセスメントの標準と手法によって決定する必要がある。

③ **リスクレベル**

リスクレベル(リスク値ともいう)とは、影響度と起こりやすさの組合せで表されるリスクの大きさで、**図表7.11**のようなマトリクス表で表すことができる。

リスク受容レベルを5未満とした場合、情報資産のリスクが5以上(網掛け部分)の資産に対し5未満となるためのリスク対応を実施しなければならない(リスク受容レベルは、リスク受容基準(**図表7.8**)に従って組織が定める)。

リスクマップの作成に関しては、**図表7.12**のように起こりやすさの部分を二段とし、「脅威(脅威の発生可能性)」と「ぜい弱性(脅威のつけ込みやすさ)」の積で起こりやすさを表し、資産の価値(影響度)との積を「リスクレベル」としている方式がある。

しかし、脅威もぜい弱性も定量的に量れるものではなく、人が判断する値であり、不確実なものの積はやはり不確実なままだということである。

本書で扱う情報セキュリティに関する「事象」は、組織に損害を与える直接の事象であるため、「地震」という事象ではなく、「地震による揺れでXXが起

図表 7.9　影響度分類の例

影響度	C：機密性損失の影響		I：完全性損失の影響	A：可用性損失の影響
0	情報 公開	開示制限なし：漏えい・流出による影響なし。	改ざん、誤記などがあっても特に業務には影響しない。	利用できない状態が発生しても特に影響はない。
1	組織外秘	自組織の従業者及び許可された従業者、関係者のみ開示：漏えい・流出により部門戦略の一部や基幹業務の一部に影響あり。	改ざん、誤記などがあると一部の業務又は／及び顧客の一部に影響が出る。	1 日以上の、一定時間利用できない状態が発生すると、一部の業務又は／及び顧客の一部に影響が出る。
2	部外秘	部内の従業者及び許可された従業者、関係者のみ開示：漏えい・流出により部門の戦略や基幹業務に影響あり。	改ざん、誤記などがあると部門の業務又は／及び多数の顧客に影響が出る。	1 日未満の、一定時間利用できない状態が発生すると、部門の業務又は／及び多数の顧客に影響が出る。
3	機密	特定の従業員及び許可された従業者、関係者のみ開示：漏えい・流出により企業戦略レベルに影響があり、ブランドイメージの低下や顧客の信頼低下、機会喪失などの問題が発生する	改ざん、誤記などがあると組織全体の業務又は／及び顧客全体に影響が出る。	1 日未満の、一定時間利用できない状態が発生すると、組織全体の業務又は／及び顧客全体に影響が出る。
4	極秘	経営陣及び特定の関係者以外非開示：漏えい・流出により事業継続に影響を与え、組織の存続にかかわる甚大な損害が発生する。	改ざん、誤記などがあると組織の存続にかかわる影響が出る。	1 日未満の、一定時間利用できない状態が発生すると、組織の存続にかかわる影響が出る。

きる」という事象の考え方を採用している。

　発生する事象を、「地震」とした場合に、その発生可能性を評価したり、地震の発生可能性を制御したりすることは困難（ほぼ不可能）であるが、「地震による揺れで XX が起きる」という事象であれば、立地条件や、建物の設計などによって揺れやすさを評価しやすい。

　また、設備の固定や免震対策などによって、揺れやすさを変化させたり、揺

図表 7.10　　起こりやすさの分類の例

起こりやすさ	判断基準
1	・まれに起きる。 　リスクレベルの高い重要な情報資産について、十分なリスクアセスメントに基づく対策が実施され、悪意をもって攻撃されるか、重大な過失がない限り発生の可能性は低い。
2	・たまに起きる。 　組織の状況や利害関係者のニーズや期待などを考慮した一般的なセキュリティ事象とリスク源(ぜい弱性)が識別されリスク対応が実施されている。通常の業務プロセスのなかでは発生しにくいが、気づいていないか、見過ごされているリスク源によって発生する可能性がある。
3	・ときどき起きる。 　他の組織が行っている対策や公開されている対策などを参考にリスク対応を実施しているが、組織の状況や利害関係者のニーズや期待などは考慮されていない。
4	・繰り返し起きる。 　リスクに対する認識がなく、リスク源に対する対応がないため、日常の業務プロセスのなかでいつ発生してもおかしくない。

図表 7.11　　リスクマップの例(太枠内がリスクレベル)

起こりやすさ (可能性)　結果 (影響度)		まれに起きる	たまに起きる	ときどき起きる	繰り返し起きる
		1	2	3	4
影響極小	1	2	3	4	5
影響小	2	3	4	5	6
影響中	3	4	5	6	7
影響大	4	5	6	7	8

注1)　太枠内がリスクレベルである。
注2)　リスク受容レベルを「5未満」とした場合の例

れた結果で生じる設備の損壊や設備の機能停止による損害発生などを軽減させることも可能である。

　情報セキュリティ目的とリスクの関係に関しては、**図表 3.5** で解説しているが、**図表 3.5** の④(リスク源)によって目的達成を阻害する③(事象)を引き起こす可能性が(起こりやすさ)あり、その事象による情報の CIA の喪失が「結果」

図表 7.12　　その他のリスクマップの例（参考）

資産の価値	脅威								
	1			2			3		
	ぜい弱性								
	1	2	3	1	2	3	1	2	3
1	1	2	3	2	4	6	3	6	9
2	2	4	6	4	8	12	6	1	18
3	3	6	9	6	12	18	9	18	27
4	4	8	12	8	16	24	12	24	36

出典）　一般財団法人日本情報経済社会推進協会

につながるのである。

　ISO/IEC 27001 に合わせたリスクアセスメントの手法を考えた場合、**図表 7.11** のように、「起こりやすさ＋影響度」でリスクレベルをシンプルに評価することを推奨する。

　脅威（脅威の発生可能性[23]）×ぜい弱性が表すのは、結局のところ「起こりやすさ」であり、前述のように、事象を「地震による揺れで設備が落下する」のように定義するのであれば、ぜい弱性[24]によって起こりやすさ[25]は変化することになるため、2 つの要素を組み合わせても、結局は「起こりやすさ」を評価していることになる。したがって、前述のように事象を「組織に損害を与える直接の事象」と捉えるのであれば、ぜい弱性への対応の度合いによって、起こりやすさを評価できることになり、**図表 7.10** のような起こりやすさの分類を

---

23)　一般的な脅威の発生可能性には、地震などの自然災害や盗難や不正アクセスなどの行為の発生可能性が対象に含まれる。自然災害についてはその発生可能性を制御することができないが、盗難や不正アクセスなどの行為であれば、盗難対策や不正アクセス対策などによって発生を抑止することが可能である。盗難や不正アクセスなどの行為は、それを防止する対策の不備といったぜい弱性によって現実のものとなるのであり、ぜい弱性を小さくすることで脅威の発生可能性も小さくできる。

24)　例えば、地震の揺れによる設備の落下に対する対策がないといったことである。

25)　ここでの起こりやすさとは、情報セキュリティの目的に影響を与える「事象」の起こりやすさと考えるべきであり、例えば、どこかで「地震」が発生しても組織の情報処理設備などに損害を与えなければ管理する必要はない。この場合、リスクの対象とすべき事象は「地震による揺れで設備が落下する、倒壊する、損壊する、停止するなど」であり、その発生可能性は、それらの事象を引き起こす原因に対する対策の状況によって変化する。

行えば、脅威(脅威の発生可能性)とぜい弱性の2つの指標を組み合わせなくてもよいことがわかる。

　また、リスクレベルの算定を、「積」ではなく、「和」としたのは、**図表 7.11** で、起こりやすさが"1"で影響度が最高の"4"の場合、「積」であれば、リスクレベルは"4"のため、対策なしでよいということになるが、「和」であれば、リスクレベルが"5"になるため、発生の可能性は低くても、発生すれば大きな影響のある事象にはなんらかの対応が必要であることになる。これは、影響度が"1"で起こりやすさが"4"の場合も同様である。リスク受容水準を「5未満」とした場合に起こりやすさが1で影響度が4の場合は、リスク値が5となるためリスク対策が必要になるが、リスク値を下げることができない場合はリスクを受容することになる。

(3)　リスクアセスメント手法と手順の検討と確立[26]

　リスクアセスメントを行うために、組織で一つのリスク分析手法を確立し、一貫性があり妥当で比較可能な結果を出せる[27]ようにする。

　図表 7.13 は、リスクアセスメントに関する ISMS 要求事項をリスクマネジメントの国際規格である ISO 31000：2018 のリスクマネジメントプロセスの図にマッピングしたものである。

　リスクアセスメント手法は、点線の中の部分を策定するものであるが、当然ながら、前後に関係するプロセスとの関連も示さなければならない。

　各種コンサルティング会社は、独自に新規格対応のリスクアセスメント手法を開発し提供すると思われるが、当然有償であるし新規格は要求事項が抽象的であるため、『ISO 31000：2018 リスクマネジメント―指針』及び『ISO/IEC 27005：2022 情報セキュリティ，サイバーセキュリティ及びプライバシー保護―情報セキュリティリスクの管理に関する手引』を参考としてリスクアセスメント手法を確立することが望ましい。もし、コンサルティング会社を選択する場合は、新しい規格要求事項にどこまで対応しているかを確認すべきである。

---

26)　ISO/IEC 27001 の「箇条 6.1.2　情報セキュリティリスクアセスメント」の「箇条 6.1.2 a)、b)」

27)　組織で一つの手法を採用し、すべての部門や拠点に適用することで実現できる。

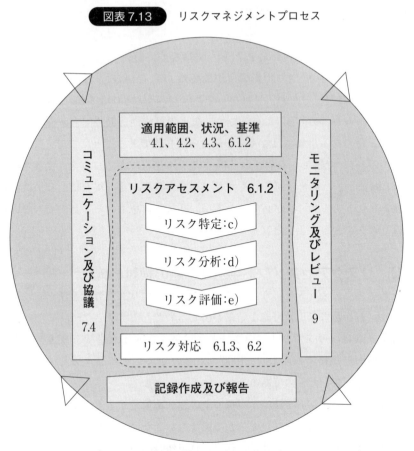

図表 7.13 リスクマネジメントプロセス

出典）　日本工業標準調査会（審議）：『JIS Q 31000：2019（ISO 31000：2018）リスクマ
ネジメント―指針』、日本規格協会、2019 年、p.10、図 4

　本書では、筆者がこれまでかかわって来た ISO/IEC 27001 改正作業の経験と、
2002 年から提供している ISMS のコンサルティング経験によるリスクアセスメ
ント手法に、最新の要求事項を組み入れたものを紹介する。

① **リスク特定**

　リスクアセスメントを行うには、まずリスクの特定を行う必要がある。リス
ク特定では、情報セキュリティ目的に関連する資産についてリスクを識別しな
ければならないが、まず、**図表 7.14** のように、リスクアセスメントの対象は

図表 7.14　リスクアセスメント対象の例

資産	人的資産(知識、能力)			
	物理的資産(情報記憶媒体、装置、設備)			
	サービス資産(機能提供型、業務代行型)			
	ソフトウェア資産(運用管理、基本ソフト、業務支援、業務処理)			
	無形資産(評判、イメージ)			
ファシリティ	敷地		境界(外周、門)	
		建物 / 施設	部屋 / 区画 ¦公開、会議 / 応対、境界(通風孔、カウンター、ドア、間仕切、窓、壁)、執務、作業 / 工房、倉庫 / 書庫、守秘(コンピュータルーム、機密書庫、研究 / 開発)¦	
			境界(玄関、非常口、受付、搬入口、通用口、窓、外壁)	
			屋内設備 ¦発電、充電、蓄電、配電 / 分電、空調、通信(有線、無線)¦	
			屋外設備 ¦給水、受電、燃料(TK)¦	
	立地		ハザード(津波、水害、風害、原発事故、火災、地震、噴火)	
システム開発(設計、製造、試験、導入 / 受入れ)				
(情報のライフサイクル)	運用	開始(作成、収集、受取り、記録)		
		利用(検索、参照、計算、分析、蓄積、加工、編集)		
		配布(組織外、組織内)		
		保管 ¦人的アクセス(記憶)、電子的アクセス、物理的アクセス¦		
		保存(一時、永久)		
		廃棄¦破壊(裁断、溶解、穿孔、打ち壊し)、消去(完全消去ソフト、消磁装置)¦		
		交換¦配送(手渡し、郵便、宅配便、専用便)、通信(電子メール、ファイル交換、ウェブサイト、データ転送)¦		
順守	法令 ¦憲法:1、法律:1791、命令(政令:1836、府省令:3238、その他(勅令、閣令、太政官布告):92)、ガイドライン(法令に基づく、その他)、条例¦			
	契約(委託 / 発注側、受託 / 受注側)			
	規制(自主的、社会的)			

何かを明確にする。

　次に、それぞれのリスクアセスメント対象について、情報セキュリティの事象とリスク源を特定し、情報セキュリティ対策(案)を検討する。後に解説する**図表 7.16、図表 7.18、図表 7.19** は、リスクアセスメント対象ごとに「事象」「リスク源」「情報セキュリティ対策」を整理した例である。この例では、特定の情報を想定するのではなく、情報の媒体やその置かれている環境、及び情報を取り扱うための情報システムや情報取扱いのライフサイクルなどに着目し、組織のもつ情報すべてに関連するリスクの特定を図っている。

　なお、本項では、リスクが顕在化した場合の結果の影響に関しては評価して

いない。リスクが顕在化した場合の結果の影響は、**図表 7.9** で定義したように、**図表 7.16**、**図表 7.18**、**図表 7.19** のリスクの対象となる情報の影響度分類によって表される。リスクは、「目的に対する不確かさの影響」であるため、ここでは、「組織が定める情報セキュリティ目的が達成できない状態を引き起こす事象による損害発生の可能性」をリスクとして考えてみよう。

そして、検討しなければならない事象とその結果、及び事象の原因となるリスク源を洗い出すことをリスク特定という。

情報セキュリティ対策は、リスク源に対する対策（予防・防止策）が主体であるが、リスク対応には、「結果を変える」ということも含まれるため、セキュリティに影響する事象を生じさせない対策のみでなく、セキュリティ事象が発生した場合の影響を減じるための対策[28]も検討する。

リスク特定では、リスクを構成する要素を明らかにする必要があり、情報とその情報を利用可能とするための施設、設備、ソフトウェアなどに関連するリスクを考慮しなければならない。

例えば、「情報」は紙や CD、DVD、HDD、フラッシュメモリなどの媒体に記録されなければ存在できない。また、電子的な記録では、その記録を読み書きするためのソフトウェア、ハードウェア及びそれを動作させるためのインフラ（電力、通信など）が必要である。

情報に対するリスクは、情報の種類や組織の事業内容などによって決まるのではなく、**図表 7.15** と**図表 7.17** で示すように情報を取り巻く物理的環境と技術的環境及び情報の運用プロセスや法令などの順守すべき事項などによって定められると考えてよい。

どのような事業を行う組織のどのような情報であっても、「漏えいする、改ざんされる、破壊される、利用できない」などの情報セキュリティ事件・事故によって組織に損害を与える事態が発生するのであり、情報セキュリティ対策は、情報そのものにではなく、媒体を含む情報を取り巻く環境に対して行われる。

また、情報セキュリティ対策をどの程度のレベルで行うかに関しては、情報

---

28) 例えば、情報の可用性が完全に失われることの影響を減じるため、情報のバックアップや情報システム構成の冗長化を実施するなどである。

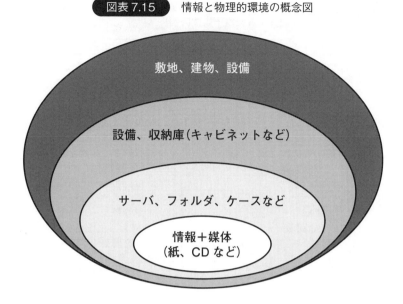

図表 7.15　　情報と物理的環境の概念図

敷地、建物、設備

設備、収納庫（キャビネットなど）

サーバ、フォルダ、ケースなど

情報＋媒体
（紙、CD など）

の種類ではなく、情報の機密性、完全性、可用性が失われた場合の影響度に応じて決められるのである。

　一般に、物理的環境では、情報が何らかの媒体に記録されるが、むき出しのままで放置したのでは、簡単に盗まれたり破壊されたりするので、入れ物に入れ、キャビネットなどに収納することで保護している。こうした行動は、どのような組織にも通じる対応であるが、図表 7.15 のような階層を想定した場合、それぞれの階層に特有のリスクがあり、そのリスクに応じた情報セキュリティ対策が実施されている。

　図表 7.16 は、情報に関する物理的環境の事象とリスク源及び情報セキュリティ対策の例であるが、それぞれの環境ごとと、環境の組合せに対し複数の事象とリスク源が存在するため、リストの長さは数百件程度になる。筆者の実施例では、約 400 件の情報セキュリティ対策案を識別している。

　事象に対する情報セキュリティ対策は、事象が発生する原因（リスク源）に対する対策であり、参考例を見てわかるように、物理的環境の情報セキュリティ対策をそれぞれ検討すると、重複した対策が出現することがわかる。

　リスク特定では、事象、リスク源、情報セキュリティ対策を洗い出したうえ

図表 7.16 情報に関する物理的環境の事象と情報セキュリティ対策の例（秘密情報が記録された電子媒体の例）

物理的環境		内　容
情報媒体 （電子記憶媒体）	事象	・紛失又は盗難
	リスク源	・媒体取扱い手順の不備又は不徹底
	情報セキュリティ対策	・取扱い場所の限定及び施錠管理ルールの確立 ・従業者に対する周知徹底（従業者教育など）
入れ物 （箱、ケースなど）	事象	・媒体の入った入れ物の紛失又は盗難
	リスク源	・媒体の入れ物管理手順の不備又は不徹底
	情報セキュリティ対策	・扉付きのキャビネットに収納させ施錠を義務付け ・従業者に対する周知徹底（従業者教育など）
設備、 収納庫	事象	・キャビネットからの無許可持ち出し又は盗難
	リスク源	・施錠管理及び鍵管理の不備、又は不徹底
	情報セキュリティ対策	・施錠管理ルールの徹底と鍵管理ルールの確立 ・キャビネットにアクセスできる従業員を限定し、利用する場合の許認可の仕組みを構築 ・従業者に対する周知徹底（従業者教育など）
敷地、建物、施設、部屋	リスク事象	・無許可立ち入り（侵入）による盗難（情報漏えいによる損害）
	リスク源	・入退出手順の不備又は不順守
	情報セキュリティ対策	・入退出管理プロセスの確立 ・情報を取り扱う区画、及び保管管理する区画の、壁、窓、ドアなどの侵入対策（破壊、錠破り、なりすましなどの対策）実施 ・従業者に対する周知徹底（従業者教育など）

で、重複した情報セキュリティ対策を集約する。次に、組織として必要な対策を選択し、ルールとしてまとめる。

　図表7.16は、機密性に関する例を紹介したが、完全性の喪失（改ざんなど）や可用性の喪失（破壊される、取り出せないなど）も考慮し、どのような事象が組織に損害を与えるのかを検討し、リストアップする。

　また、1つの物理的環境に1つの事象ということではない。事象、リスク源、情報セキュリティ対策はそれぞれ複数あると考えてよい。情報セキュリティ対策は、最終的にISO/IEC 27001の附属書Aの管理策を参照し、管理策との結び付けを行う。例えば、情報媒体の対策案の「取扱い場所の限定及び施錠管理ルールの確立」に基づいて具体化した対策（組織のルールや手順など）は、附属書Aの管理策「5.10　情報及びその他の関連資産の許容される利用」「7.10

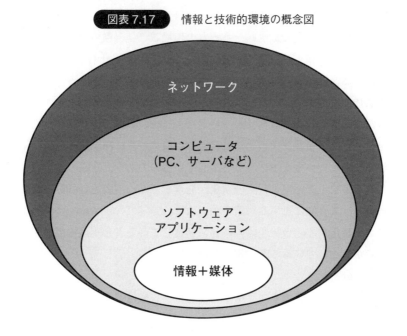

図表 7.17　情報と技術的環境の概念図

ネットワーク

コンピュータ
(PC、サーバなど)

ソフトウェア・
アプリケーション

情報＋媒体

記憶媒体」などと関連する可能性が高い。

　物理的環境と同様に、**図表 7.17** は、中心に「媒体に記録された情報」があり、それを取り扱うためのソフトウェア、ハードウェア、ネットワークなどが取り巻いているイメージである。

　技術的環境では、機密性も重要であるが、情報を取り扱うには、ソフトウェア、ハードウェア、ネットワークなどが必要な場合に利用可能でなければならない。また、電子情報の場合、盗難(コピーのダウンロードなど)や改ざん(ミス又は不正によるデータの書換えなど)などが行われても、データそのものは存在しているため、不正行為が行われたかどうかを直接検知することは困難である。

　したがって、情報媒体を取り巻く周囲の環境をそれぞれの特性に合わせて管理することで、中心にある情報の保護(操作ミス又は不正行為の予防又は防止)と保護が破られた場合(事象の発生)の検知を行うのであるが、そのような保護又は検知できない状態がリスク源であると考えればよい。

　図表 7.18 は、ネットワークに接続されたサーバの内蔵 HDD に格納された

電子情報に対する事象と情報セキュリティ対策の例である。

これも物理的環境と同様に、それぞれの環境ごとと、環境の組合せに対し複数の事象とリスク源が存在するため、リストの長さは数十件程度になる（筆者の実施例では、約 100 件の情報セキュリティ対策案となっている）。

図表 7.19 は、情報取扱いのライフサイクルによる事象と情報セキュリティ対策の例である。

上記のように情報及び情報処理設備とその関連資産に関する事象は、情報の取扱いや置かれている環境によって生じているのであり、組織の状況によって、想定される事象を洗い出し、その事象が発現するための要因（原因）となるリスク源とそのリスク源に対する対策を検討する。

リスクを特定する場合、組織の業務に精通している者と組織の経営を理解している者が参加していることが望ましい。

② **リスク分析**

リスク分析にはさまざまな手法があるため、組織はどのような手法を採用するかを最初に決めなければならない。

本書では、『ISO/IEC 27005：2011 情報技術—セキュリティ技術—情報セキュリティリスクマネジメント』[29] に掲載されている「上位レベルリスク分析」と「詳細リスク分析」の組合せ方式を参考とし、筆者が考案して多くの組織で実践している手法を紹介している。「詳細リスク分析」の定義については**図表 7.7** の注 3 を参照）。

a） **上位レベルリスク分析**

①**項**のリスク特定で紹介した**図表 7.14** について、組織の適用範囲とその状況から必要とするリスクアセスメント対象を決定する。また、そのリスクアセスメント対象に関する「事象」「リスク源」「情報セキュリティ対策」（**図表 7.16**、**図表 7.18**、**図表 7.19** を参照）の検討結果を基に、組織が必要とする基本的な情報セキュリティ対策を決定する。

上位レベルリスク分析の結果は、ISMS 適用範囲内で該当するすべての資産

---

29)　ISO/IEC 27005：2011 は現在 2022 年版が発行されているが、附属書におけるリスク分析手法の紹介内容は大きく変化しており、公式に認められた手法というものは存在しない。本書では、2002 年に日本における ISMS 認証制度が本格スタートしたときからの継続性を重視し、2011 年版の附属書における手法を紹介している。

図表 7.18 情報と技術的環境の事象と情報セキュリティ対策の例（サーバ内蔵の HDD の例）

技術的環境		内　容
情報媒体 （サーバ内蔵 HDD）	事象	• 不正ダウンロード（情報漏えい） • データの改ざん • データの破壊
	リスク源	• データ暗号化などの安全対策の不備 • データに対するアクセス制御の不備又は不徹底
	情報セキュリティ対策	• データの暗号化と暗号鍵の管理方法の確立 • データに対するアクセス制御と認証プロセスの確立 • バックアップの作成と保護
ソフトウェア・アプリケーションなど（OS 含む）	事象	• なりすましによる不正アクセス • ソフトウェアの障害による利用停止 • 操作ミス
	リスク源	• 本人認証の不備又は不徹底 • ソフトウェア開発及び受け入れプロセスの不備又は不徹底 • 操作手順書の不備又は不徹底
	情報セキュリティ対策	• ソフトウェアによる本人認証プロセスの確立 • ソフトウェアの開発におけるセキュリティの確立及び受入れ基準とテストプロセスの確立 • 操作手順書の整備と利用の周知徹底
コンピュータ（PC、サーバ、大型コンピュータなど）	事象	• 不正操作 • 操作ミス • 温度、湿度、塵埃などの影響によるハードウェア障害 • 電源異常
	リスク源	• サーバログイン管理の不備又は不徹底 • 操作手順書の不備又は不徹底 • サーバ設置環境の空調管理の不備又は不徹底 • 電源安定化対策の不備又は不徹底
	情報セキュリティ対策	• サーバログイン管理 • 操作手順書の整備と利用の周知徹底 • サーバ設置環境の空調設備の整備と維持管理 • UPS 及び過電流対策の導入と保守管理
ネットワーク	事象	• 不正侵入 • 盗聴 • ネットワーク障害による通信停止
	リスク源	• 不正侵入対策の不備又は不徹底 • 盗聴対策の不備又は不徹底 • ネットワーク容量の管理不足及び冗長性の欠如
	情報セキュリティ対策	• ファイアウォールやルータ及びスイッチなどのセキュリティ設定（フィルタリング、ルーティング制御など）標準の確立と維持管理 • 盗聴設備の接続監視や通信の暗号化対策などの実施 • ネットワーク監視（トラフィックなどの通信状況）、及びロードバランサーや通信回線の二重化対策の実施

図表7.19　情報取扱いのライフサイクルによる事象と情報セキュリティ対策の例（紙及び電子情報）

ライフサイクル		内　容
取得・開始	事象	・入力ミス、計算ミス、 ・受渡しミス（誤配達、誤送信、紛失、配布漏れなど） ・送受信障害 ・作業漏れ
	リスク源	・入力又は計算結果確認プロセス（システム的又は人的）の不備又は不徹底 ・情報受渡し管理プロセスの不備又は不徹底 ・送受信システム及びFAXなど送受信プロセスの不備又は不徹底 ・作業手順書の不備又は不徹底、及び作業確認プロセスの不備
	情報セキュリティ対策	・入力確認プロセスの確立と周知徹底 ・情報受渡しプロセス（配達確認、受領確認など）の確立と徹底 ・送受信システムの保守管理及び冗長化 ・作業手順書の整備と周知徹底、及び作業確認プロセスの確立と徹底
利用	事象	・誤廃棄 ・無許可利用 ・無許可コピー
	リスク源	・廃棄手順の不備又は不徹底 ・利用許可プロセスの不備又は不徹底 ・情報取扱い基準の不備又は不徹底 ・重要情報のコピー対策の不備又は不徹底
	情報セキュリティ対策	・廃棄手順の確立と周知徹底 ・利用許可プロセスの確立と周知徹底 ・情報取扱い基準の確立と周知徹底 ・重要情報のコピー対策の確立と周知徹底
配布	事象	・誤配布又は配布漏れ ・紛失、盗難 ・媒体の損壊
	リスク源	・配布管理プロセスの不備又は不徹底 ・物理的媒体の保護手順の不備又は不徹底
	情報セキュリティ対策	・配布管理プロセスの確立と周知徹底 ・物理的媒体の保護手順の確立と周知徹底
保管	事象	・保管場所間違え（行方不明） ・無許可持ち出し又は盗難

図表7.19　つづき

ライフサイクル		内　容
保管	リスク源	・ラベル付けと保管管理プロセスの不備又は不徹底 ・保管場所のアクセス管理の不備又は不徹底
	情報セキュリティ対策	・ラベル付けと保管管理プロセスの確立と周知徹底 ・保管場所のアクセス管理の確立と周知徹底
保存	事象	・媒体の劣化・損傷 ・紛失・盗難 ・保存期限誤りによる廃棄
	リスク源	・保存場所の湿気、静電気、埃 ・媒体の保管環境保護の不備又は不徹底 ・保存場所のアクセス管理の不備又は不徹底 ・保存資産管理の不備又は不徹底
	情報セキュリティ対策	・ラベル付けと保存管理プロセスの確立と周知徹底 ・保存場所のアクセス管理の確立と周知徹底 ・保存資産管理（資産管理記録の管理など）の確立と周知徹底
転送	事象	・盗聴 ・誤送信 ・秘密情報の無許可伝送
	リスク源	・盗聴者 ・盗聴対策の不備又は不徹底 ・誤送信防止対策の不備又は不徹底 ・秘密情報の伝送基準と管理ルールの不備又は不徹底
	情報セキュリティ対策	・盗聴対策の確立 ・誤送信防止対策の確立と周知徹底 ・秘密情報の伝送基準と管理ルールの確立と周知徹底
廃棄	事象	・誤廃棄 ・廃棄装置又は電子媒体からの情報の流出 ・廃棄処理方法の誤り
	リスク源	・悪徳廃棄事業者 ・廃棄処理基準・ルール及び手続の不備又は不徹底 ・廃棄装置又は電子媒体のデータ消去手順又は技術の不備又は不徹底
	情報セキュリティ対策	・廃棄管理手続の確立と周知徹底 ・廃棄装置又は電子媒体の処分業者の選定誤り（悪徳業者の採用） ・廃棄処理方法の確立と周知徹底

図表 7.20　上位レベルリスク分析結果を実行した場合のリスクレベルの変化の例

結果 （影響度）	起こりやすさ （可能性）	まれに起きる	たまに起きる	ときどき起きる	繰り返し 起きる
		1 ◄	2 ◄◄	3	4
影響極小	1	2 ◄	3 ◄	4	5
影響小	2	3 ◄	4 ◄	5	6
影響中	3	↑ 4 ◄	5 ◄◄	6	7
影響大	4	5	6 ◄	7	8

注）　リスク受容レベルを5未満とする。

に対して適用することによって、事象の起こりやすさや結果の影響度を変化（低減）させ、リスク受容レベル以下にリスクレベルを下げるのである。

　ただし、個々の資産の価値（セキュリティ事象発生の影響度）、取扱い方法、技術的な保護の難易度、人的脅威の有無などは考慮されていないため、リスクレベルが極めて高い資産に関しては詳細リスク分析を実施し、さらに確実な情報セキュリティ対策を検討する。上位レベルリスク分析の結果、選択した情報セキュリティ対策の強度を設定することによって、起こりやすさを「ときどき起きる」レベル以上から、「たまに起きる」レベルまで下げたり、「たまに起きる」レベルは「まれに起きる」レベルまで下げたりすることができるとした場合、**図表 7.20** のように、影響度が中以上で、リスクレベルが6以上の場合、上位レベルリスク分析の結果ではリスク受容レベルに達しないため、詳細リスク分析によって追加の対策の要否を判定する[30]。

　また、影響度が大でまれに発生する可能性がある場合、リスク受容レベルとするには、影響度を変える（下げる）しかないことがわかる。例えば、資産の可用性が失われることが影響度が大であれば、バックアップの取得やコピーの作成と保管などで、オリジナルが利用できなくなる事態の影響を減じることができる。盗難などの機密性にかかわる事象であれば、「暗号化」によって、盗難にあっても情報を読み取られないことで影響を減じることが可能である。

---

30)　情報セキュリティ対策の強度は、公表されているセキュリティ強度の標準は存在しないため、組織の検討によって決定することになる。

b)　詳細リスク分析

　図表 7.20 の網掛けの部分に該当する資産について、詳細リスク分析を行うための手法を決定する。

　上位リスク分析では、特定の資産の状況を考慮していないため、リスクレベルの高い資産に対し、十分な対策を講じているかどうかの検証ができていない。

　詳細リスク分析では、対象となる資産について個々の状況を考慮し、上位リスク分析による情報セキュリティ対策で十分かどうかを検証することで、必要十分な情報セキュリティ対策を決定する。

　この検討は、資産のリスク所有者(代理でもよい)と、その資産を取り扱っている業務の実務責任者及び担当者が参加して行うことが望ましく、可能であれば、その資産のリスクに対して利害のある関係者を参加させることで検討の精度を向上させる。

　詳細リスク分析の手法の一つとして、リスクシナリオ[31]を用意し、そのシナリオの事象を予防・防止する対策を検討する。

　次に、上位レベルリスク分析で選択した情報セキュリティ対策に、リスクシナリオ分析で検討した対策が包含されているかどうかを確認し、不足している対策があれば、組織が実施する情報セキュリティ対策に追加することで、リスクを受容レベル以下にすることが可能となる[32]。

(4)　資産のリスクレベル評価[33]

　資産のリスクレベル(資産価値)は、図表 7.20 で評価したリスクレベルであり、7.2 節(9)項で作成した情報資産台帳のリスク評価項目について、資産個々の影響度と起こりやすさを評価し記入する。

　資産のリスクレベル評価では、情報資産台帳のリスク評価項目である「影響

---

31)　当該情報資産に対し、組織に重大な影響を及ぼす可能性のある事象の発生シナリオのことである。

32)　上位リスク分析及び詳細リスク分析で選択した情報セキュリティ対策は、ISO/IEC 27001 の附属書 A の管理策のどれに当たるかの検討を行い、情報セキュリティ対策リストには、管理策の番号(5.1 〜 8.34)を付与しておくことで継続的な管理がしやすくなる。

33)　ISO/IEC 27001 の「箇条 6.1.2　情報セキュリティリスクアセスメント」「箇条 8.2　情報セキュリティリスクアセスメント」

度」を機密性、完全性、可用性の観点で評価し記入する。評価基準は、**図表7.9** で例示した影響度分類によるが、組織の状況及び利害関係者のニーズ及び期待を考慮し、資産の機密性、完全性、可用性が失われた場合の影響を適切に評価する。

　情報セキュリティ対策は、資産の影響度が、機密性、完全性、可用性によって評価が異なることと、実施する情報セキュリティ対策がそれぞれ異なるため、機密性、完全性、可用性のレベルを合計したり、いずれか高いレベルの評価を資産の影響度としたりすることは避けるべきである。

　資産のリスクレベル評価では、機密性、完全性、可用性のそれぞれの評価を行い、そのレベルに合わせた対策が行われなければならないのである。

(5)　リスクアセスメントの実施[34]

　リスクアセスメントの実施では、これまで準備してきたリスク基準や情報資産台帳、ギャップ分析結果などをすべて活用して作業を実施する。

①　目的の設定

　リスクは「目的に対する不確かさの影響」であるから、リスクアセスメントを行うには、まず、情報セキュリティ目的を設定する。

　ISO/IEC 27001 は、原則論として、「リスクはゼロにはできない」という考え方に立っている。したがって、リスク受容基準とリスク受容レベルを定めることが要求されているが、ここでは以下の情報セキュリティ目的を最上位の目的として解説する。

・情報セキュリティ目的(例)

「当組織の利害関係者が当組織に対する信頼を喪失するような情報セキュリティ事象の発生を防止する」

・リスク基準：目的の評価基準(例)

当組織は、組織の置かれている現状から「利害関係者が当組織に対す

---

34)　ISO/IEC 27001 の「箇条 5.2　方針 b)」「箇条 6.1.2　情報セキュリティリスクアセスメント」「箇条 8.2　情報セキュリティリスクアセスメント

る信頼を喪失する」のは、影響度4(大)の結果を引き起こす事象が、起こりやすさ1(まれに起きる)以上の頻度で発生するか、影響度3(中)以上の結果を引き起こす事象が、起こりやすさ2(たまに起きる)以上の頻度で起きた場合であると判断した。

目的達成度の評価は、目的達成のための活動を実施した結果、上記の基準を満たしているかどうかで判定する。

・リスク受容基準(例)

目的の評価基準を考慮し、起こりやすさと影響度の組合せで表すリスク受容レベルを「リスクレベル5」未満に設定する。

また、個々のリスクで、技術的又は経営資源投入の優先順位などによって「リスクレベル5未満」を達成できないリスクが発生した場合は、リスク所有者は、その事由が妥当であることを確認し個別リスクの受容を承認する。

この目的設定と目的の評価基準により、リスクは、「影響度4(大)の事象の発生及び影響度3(中)以上の事象が、起こりやすさ2(たまに起きる)レベル以上の頻度で起きる不確かさ」となり、組織は、リスク受容レベルを決定し、リスクの不確かさを減じるために、事象の発生をリスク受容レベル以下とするためのリスク対応を行うことになる。

ただし、本節の(2)項で説明したように、リスク受容レベルを定めるには、情報セキュリティに対する機密性、完全性、可用性の影響度を評価しなければならないため、各部門が保有する資産のリスク評価を考慮する必要がある。資産のリスク評価は、図表7.7の情報資産台帳のリスク評価項目の欄で行う。

なお、不確かさには、プラスとマイナスの方向があるが、情報セキュリティにおけるプラス面の不確かさを評価することは困難であるため、実務上リスクアセスメントの段階では、望ましくない結果(マイナスの方向)を生み出す可能性の検討を行う。

プラス面の不確かさに関しては、情報セキュリティ対策実施の結果において、リスクレベルが、リスク受容レベルを大幅に下回るプラスの状況が続く場合、それが組織にとって継続すべき有益な状況かどうかを判断すればよい。

　例えば、情報セキュリティの観点からは、望ましい結果であっても、「業務上その情報を必要とする者が必要な情報に自由にアクセスができない」「情報の取扱いが非常に煩雑である」「組織にとって有益な情報が内部で共有できない」など、経営面での弊害が出るようであれば、リスク受容レベルを超えない範囲で情報セキュリティ対策を緩めるか、異なる対策を採用することも選択肢である。

　このような確認は、各部門の自主点検や内部監査のなかで行うことも可能である。

②　リスクアセスメント対象の識別

　上位レベルリスクアセスメントでは、ISMSの適用範囲に存在するリスクアセスメント対象について、関連する事象が発生する可能性を検討し、可能性ありとされたものをリストアップ（一覧リストから選択してもよい）する。

　リスクアセスメント対象は、上記①項で設定された目的に関連したものとなる。

③　リスクレベルの計算

　リスクレベルは、**図表7.11のリスクマップを、以下の❶～❸に従って図表7.7の情報資産台帳のリスク評価項目に反映することで、個々の資産の評価とする。**

　❶～❸の方式を採用しているのは、一般的な組織では、すでに何らかの情報セキュリティ対策を実施していることが普通であり、例えば、「組織の執務エリアに無制限に第三者が出入りすることを許さない」「組織が重要と考える資産には、部屋又はキャビネットなどに保管し、施錠管理を行う」「インターネットなどに接続する場合は、ルータやファイアウォールで外部からの不正なアクセスを防止する」などは、ISMSの構築以前の問題として実施している場合が多い。

　したがって、リスクレベルの計算では、何の対策も実施していない状態でのリスクレベルを求め、次に上位レベルリスク分析で採用した対策を実施した場合のリスクレベルを算定する。最後に、詳細リスク分析を行い、追加すべき対策を実施した場合のリスクレベルを算定する。

　前述のリスクアセスメント手法に従えば、以下のような順番でリスクレベルの計算と記入を行うことになる。

❶　第一段階

　情報セキュリティ対策を実施していない場合に想定される情報資産のリスクレベルを計算する。資産の特性により、起こりやすさのレベルを「ときどき起きる＝レベル3」又は「繰り返し起きる＝レベル4」に設定し、リスクレベルを計算する。

❷　第二段階

　上位レベルリスク分析を実施し、組織が選択した情報セキュリティ対策を実施することを前提に、起こりやすさのレベルを「たまに起きる＝レベル2」に引き下げる。この場合、組織が決定する情報セキュリティ対策は、想定されるすべての事象の起こりやすさを「たまに起きる＝レベル2」にできることが条件となるが、対策によっては「ときどき起きる＝レベル3」までしか下げられない場合は、2つのレベルを記入することとなる。

❸　第三段階

　第二段階のリスクレベルがリスク受容レベルを超えた資産がある場合、詳細リスク分析を実施する。

　本節の(3)項②a)で上位リスク分析による対策で起こりやすさが「まれに起きる＝レベル1」まで下がり、リスクレベルがリスク受容レベル以下となる。又は、起こりやすさに加えて、事象が発生した結果の対策で、影響度を引き下げることでリスクレベルがリスク受容レベル以下となることを確認し、記入する。

　もし、リスクレベルが詳細リスク分析の結果の対応を行ってもリスク受容レベル以下とならない場合は、この後の(8)項でリスク受容レベルを超える資産に対する追加対策を検討する。

(6)　情報セキュリティリスク対応と管理策の選択[35]

　上記リスクアセスメントの結果(上位レベルリスク分析で選択した情報セキュリティ対策に、❸の詳細リスク分析で追加した情報セキュリティ対策を加えた内容)を反映し、組織が採用するリスク対応として適切かどうか、又、実行

---

35)　ISO/IEC 27001 の「箇条6.1.3　情報セキュリティリスク対応」「箇条8.3　情報セキュリティリスク対応」

可能な対策かどうかを検討する。

■ 情報セキュリティリスク対応

　情報セキュリティのリスク対応には以下のような選択肢[36]が示されている。各選択肢の実行可能性を評価し、本節の(5)項で行ったリスクアセスメントの結果を基に、具体的に組織が行う対応を決定する。なお、以下の対応はあくまでも参考であり、このように分類するように要求されているわけではない。

① 　 リスクを回避する

　リスクの対象をなくすことでリスク自体が存在しないようにする。例えば、「個人情報の保有による製品販売活動」に付随するリスクを回避するには、個人情報の保有そのものを止めるということである。

② 　 リスク源を除去する

　事象を発生させる原因となるリスク源を除去するための対策を実施することである。

　例えば、工場などの ICT 設備の障害では、「ICT 設備の設置環境における高温や粉じん」などがリスク源であることが多い。リスク源の除去とは、例えば「ICT 設備の設置環境における温度管理や粉じん対策のために、空調設備を設置し維持管理を行う」を実施することである。

③ 　 起こりやすさを変える

　事象を発生させる原因となる事象を抑止するための対策を実施することである。例えば、資産の保管管理で盗難や紛失という事象で、「施錠管理及び鍵管理の不備又は不徹底」がリスク源であれば、「施錠管理及び鍵管理の確立と周知徹底」が起こりやすさを変えることになる。

④ 　 結果を変える

---

36) 　 ISO/IEC 27000：2018 の「リスク対応」の定義の注記 1 には、①～⑥以外に、「ある機会を追求するために、リスクをとる又は増加させること」がある。例えば、貿易の仕事などで、輸入品の支払いに対する為替変動をカバーするために、為替ヘッジを行う場合、為替の差益を求めるために、輸入代金以上の為替予約を行うなどが考えられる。しかし、ISMS では、情報セキュリティ目的に関連し「情報の CIA が維持される」ことが基本であり、この時点では、機会の追求のためにリスクを増大させるという選択肢は考えにくいため省略している。事業の拡大や、変更などがあればこの対応を検討する可能性があるが、その場合は、組織の状況が変化するため、ISO/IEC 27001 の箇条 4 の見直しによって情報セキュリティ方針や目的の見直しが必要となる。

　起こりやすさを変えるだけでは、極めて影響度の高い資産に対する対策としては不十分な場合がある。その場合は、影響度に対する対策も検討しなければならない。

　例えば、組織の基幹業務を支える情報システムが停止した場合、組織に甚大な影響を与える場合、「情報システムの冗長化(バックアップシステム、設備の二重化など)」によって、情報システムが停止しても迅速に復旧できるようにすることで、「長期間の基幹システム停止による損害を軽減する」という形で結果を変えることができる。

⑤　**リスクを共有する**

　技術的な問題や、財政的な問題で必要な情報セキュリティ対策が実施できない場合、サービスの購入や保険、業務委託などの方法で、自組織だけでは解決できないリスク対策を他者と分担することが、リスクの共有である。

　例えば、情報漏えいのリスクについて、損害保険をかけたとすれば、損害賠償のリスクについては補償されるが、組織の信頼と評判の喪失による取引の停止や売上の低下というリスクは組織の側に残っているため、リスクを共有しているということである。一般論として、事象にかかわるリスクをすべて他者に移転することはできないのである。

⑥　**リスクを保有する。**

　本節の(2)項のリスク受容と同じである。

(7)　資産のリスク値算定とリスク受容基準との比較[37]

①　**リスク値算定**

　本節の(5)項で説明したように算定する。

②　**リスク受容基準との比較**

　リスクは不確実性であるため、必ず「残留リスク」が発生する。ISO/IEC 27001 では、組織のリスク所有者が残留リスクを含む受容したリスクを承認することを求めている。

---

37)　ISO/IEC 27001 の「箇条 6.1.2　情報セキュリティリスクアセスメント：6.1.2 e)」「箇条 8.2　情報セキュリティリスクアセスメント」「箇条 6.1.3　情報セキュリティリスク対応」「箇条 8.3　情報セキュリティリスク対応」

　リスク受容には以下の 2 つがあり、それぞれのリスク受容の承認を行うが、リスクは常に変化するため組織は継続的にリスクの管理を行うことが必要である。

　情報資産台帳のリスク評価項目で、リスク受容レベル以下となっている場合は、すでにリスクが受容されているとみなし、資産台帳の承認でリスク受容が承認されたことになる。

　先の(6)項の①～③及び、この後の(8)項の追加対策の検討結果で、リスクレベルがリスク受容レベル以下にならない場合、その情報資産に対するリスクは受容できないままとなるため、**図表 7.7** の例に従って個別にリスク受容の手続を実施する。

　この個別リスク受容では、リスク受容基準に準拠しなければならず、リスク所有者の勝手な判断でリスク受容を許可してはならない。

(8)　リスク受容基準を超える資産に対する追加対策の要否検討と管理策の選択[38]

■追加対策の要否検討

　本節の(5)項の③で算定したリスクレベルがリスク受容レベルを超える場合の追加対策について、最終的な対策導入の要否を検討する。

　上位リスク分析結果に対する情報セキュリティ対策に比べ、追加の対策は実行に制約が伴うか、財政的な裏付けが必要になる場合が多いため、追加の対策を行わなかった場合の影響と、追加対策の組織に与える影響の費用対効果の観点で決定すべきである。

　追加対策を導入する場合は、本節の(3)～(6)項で作成・更新した情報セキュリティ対策リストに追記し、ISO/IEC 27001 附属書 A の管理策を関連づける。追加の対策を行わないという判断の場合、本節の(6)項の⑥によるリスク受容を行う。

---

38)　ISO/IEC 27001 の「箇条 6.1.2　情報セキュリティリスクアセスメント e)」「箇条 8.2　情報セキュリティリスクアセスメント」「箇条 6.1.3　情報セキュリティリスク対応」「箇条 8.3　情報セキュリティリスク対応」

(9) 資産のリスク所有者の見直し[39)]

7.2 節(10)項で決定したリスク所有者について(必要な場合)見直す。理由は、リスクアセスメントを行う前に決定したリスク所有者が、実際にリスクアセスメントを実施した結果、適切ではないとわかる場合があるためである。

リスク所有者は、その所有するリスクについて、リスク対策を決定したり、リスク受容を行ったりする役目と責任をもっているが、環境面の管理者(物理的、人的、技術的)と実務管理者で同じ資産に対するリスクの責任を分担している場合が多い。

例えば、組織の機密情報に対する部門従業者のアクセス権管理に関するリスクは部門責任者の役目と責任であるが、外部からの不正アクセスによる破壊、改ざん、漏えいなどのリスクに関しては、情報システム部門が技術的環境の責任者として予防・防止策の徹底を図る責任があるとする場合などである。

(10) 選択した管理策に対する実行対策の検討と決定[40)]

本節の(8)項で検討したリスク対策の素案が決定したら、選択した管理策(情報セキュリティ対策)を整理し、組織が実行すべき対策としてまとめる。

① 管理策番号による名寄せ

本節の(8)項で決定した情報セキュリティ対策は、異なる資産に同じ対策が適用されるため、重複が生じている。また、同じ対策を選択しても、組織の機能や拠点環境、執務環境などによっても具体的な適用方法が異なる場合がある。

情報セキュリティ対策に結び付けた ISO/IEC 27001 の附属書 A の管理策番号で名寄せを行い、管理策ごとに情報セキュリティ対策がユニークになるように編集する。その際、資産の属性情報(媒体の種類、保管方法、保管場所など)を含める。

② 実行対策の検討

同じ対策であっても、媒体の種類、保管方法、保管場所などによって運用が異なる場合があるため、組織のルールとして具体化する際の考慮事項とし、最

---

39) ISO/IEC 27001 の「箇条 6.1.2 情報セキュリティリスクアセスメント c)」「箇条 8.2 情報セキュリティリスクアセスメント」

40) ISO/IEC 27001 の「箇条 6.1.2 情報セキュリティリスクアセスメント c)」「箇条 8.2 情報セキュリティリスクアセスメント」

終的な実行対策を決定する。

　その際、実行する対策によって情報の有効活用及び業務効率が阻害[41]され、組織の経営戦略に望ましくない影響が生じる可能性を検討し、情報セキュリティリスクに対する対応が組織全体にとって最適となるよう設計する。

　また、情報セキュリティ対策の導入後に、組織内の自主点検又は内部監査などで、情報セキュリティ対策が業務を過度に制限し阻害していないかを確認するとよい。

　なお、この作業は、7.2 節(8)項で作成したギャップ分析表に追記する形で作成すると効率的である。

7.5 リスク対応計画策定

　7.3 節及び 7.4 節のなかですでに確定している部分がほとんどであるが、ここで全体のリスク対応を整理し、ISMS の運用開始に向けてリスク対応計画を確定させる。

（1） ギャップ分析結果とリスクアセスメント結果の統合[42]

　7.2 節(8)項で実施した規格要求事項と既実施事項のギャップ分析の結果に、7.4 節の(6)項の情報セキュリティリスク対応と管理策の選択の結果を反映し、未実施の情報セキュリティ対策を明確にする。なお、ギャップ分析では「実施済み」と判定しても、7.4 節の(6)項の結果を反映すると、規格要求事項に対して不足している対策が見つかる場合があるため、改めてギャップ対応の確認を行う必要がある。

　この作業は、組織が未実施の情報セキュリティ対策を識別し、実行計画を策定するためのものである。

---

41)　例えば、ある部門の情報セキュリティ目的を達成するための対策が、他の部門の業務効率を大幅に阻害するなどが考えられる。

42)　ISO/IEC 27001 の「箇条 6.1.3　情報セキュリティリスク対応」「箇条 8.3　情報セキュリティリスク対応」

（2） 統合したギャップ分析結果に基づき未実施項目の実行計画の検討と対応の決定[43]

前項で確定した情報セキュリティ対策の未実施項目について、実行計画を策定する。その際、ISMS 導入の初期段階では、情報セキュリティのルールを定め周知徹底したうえで、組織のなかに定着させるために実施すべき対応がある。例えば、入退室管理や業務時間中の情報資産の取扱いについて、一定期間集中的に自主点検を繰り返し実施するなどがある。

また、設備投資が必要なリスク対応に関しては、5W1H を意識した導入計画の策定と実施、及び、その間リスクを低減するための一時的な対策の実施などが考えられる。

ISMS の運用を開始するにあたって必要な実行計画を策定し、マネジメントの承認を得る。

（3） 残留リスクの確定[44]

7.4 節(6)項及び(7)項で検討したリスク受容について、問題がないことを確認しマネジメントの承認を得る。

（4） 適用宣言書の作成[45]

ISO/IEC 27001 の箇条 6.1.3 d)の要求事項に基づき、ISO/IEC 27001 の附属書 A から組織が選択した管理策について、以下の事項を記入した適用宣言書（図表 7.21）を作成する。適用宣言書は、管理目的と管理策の一覧に、以下の内容を記述したものである。

① 必要とした管理策とその管理策を含めた理由

② それらの管理策を実施しているか否か

③ 管理策を除外した場合、その理由

---

43) ISO/IEC 27001 の「箇条 6.1.3　情報セキュリティリスク対応」「箇条 6.2　情報セキュリティ目的及びそれを達成するための計画策定」「箇条 8.3　情報セキュリティリスク対応」

44) ISO/IEC 27001 の「箇条 6.1.3　情報セキュリティリスク対応 f)」「箇条 8.3　情報セキュリティリスク対応」

45) ISO/IEC 27001 の「箇条 6.1.3　情報セキュリティリスク対応 d)」

図表 7.21　適用宣言書イメージ

ISO/IEC 27001:2022 付属書A			適用宣言				
番号	番号	管理策名	Y/N	適用or除外理由	実施状況	備考	

> **適用宣言書**　作成年月日　20XX年XX月XX日　改訂年月日　20XX年XX月XX日　Ver.10　承認　審査　作成

番号	番号	管理策名	Y/N	適用or除外理由	実施状況	備考
5	組織的管理策					
	5.1	情報セキュリティのための方針群	Y	本文の要求事項	済	
	5.2	情報セキュリティの役割及び責任	Y	本文の要求事項	済	
	5.3	職務の分離	Y	リスクアセスメントによる	済	
	5.4	管理層の責任	Y	本文の要求事項	済	
	5.5	関係局との連絡	Y	リスクアセスメントによる	済	
	5.6	専門組織との連絡	Y	リスクアセスメントによる	済	
	5.7	脅威インテリジェンス	Y	リスクアセスメントによる	済	
	5.8	プロジェクトマネジメントにおける情報セキュリティ	Y	リスクアセスメントによる	済	

　①～③の詳細な内容は、リスクアセスメントとギャップ分析表で確認できるため、適用宣言書では簡潔に記述すればよい。

　ISMS 認証取得のための適用宣言書は、ISO/IEC 27001 附属書 A の管理策及び上記の①～③が記述されていればよいが、組織が ISMS を運用管理するには、さらに各管理策について、組織が作成したルールを記述した規程や手順書を関連づける必要がある。ISMS 認証機関に提出した適用宣言書のもととなる文書に、文書欄[46]、記録欄を設け、ISMS 要求事項に従って、どのような規程や手順書を策定しているのか、その管理策の実施状況を示す記録は何かを記述することで、ISMS の維持・改善が効率的にできるようになる。

7.6　事業の中断・阻害時の情報セキュリティと事業継続のための ICT の備え[47]

　事業の中断・阻害時の情報セキュリティは、事業の中断・阻害時に情報及び

---

46)　適用宣言書の追記部分は ISMS 認証機関（審査機関）に提出する必要はない。

47)　ISO/IEC 27001 附属書 A の管理策「5.29　事業の中断・阻害時の情報セキュリティ」と「5.30　事業継続のための ICT の備え」

その他の関連資産を保護するための要求事項である。この要求事項は、組織の重要な事業を継続するうえで不可欠となる情報システムの可用性の維持・継続と、事業の中断・阻害時でも必要となる情報の機密性、完全性を維持し継続することが目的である。

　事業の中断・阻害時の対応は、「事業継続計画（BCP）」[48]の一部を構成する重要な活動であるため、本書では、単なるギャップ分析の対応事項という扱いではなく、独立した節とした。

　事業の中断・阻害が発生する状況は、新型インフルエンザによるパンデミック、地震や風水害などの災害、テロや騒動などの社会的混乱、サイバー攻撃などによる情報システムの重大な障害による停止などがある。

　ISO/IEC 27001 で要求されているのは、組織の事業継続計画の策定ではなく、前述のとおり事業の中断・阻害時に必要となる情報セキュリティを維持・継続することである。

　組織の事業継続計画が策定済みであればそのなかに組み込まれるようにすることが望ましいが、未作成の場合は、事業継続計画によらず、災害など、事業の中断・阻害が発生した状況における情報セキュリティの維持・継続を検討する。

（1）　事業の中断・阻害時の状況下における情報セキュリティの維持・継続

　事業の中断・阻害時における情報セキュリティの維持・継続では、重要な事業プロセスを継続させるために必要な情報システムの可用性を保つ（復旧を含む）必要がある。その際、情報システムの可用性を保つには事業継続のための ICT の備えが欠かせない。また、事業活動の混乱に乗じて重要な情報が流出したり破壊されたりしないように、重要な情報の機密性及び完全性を保たなければならない。

　例えば、新型インフルエンザの流行により、従業員が出社できない状態とな

---

48)　国際規格としては『ISO 22301：2019（JIS Q 22301：2020）セキュリティ及びレジリエンス―事業継続マネジメントシステム―要求事項』（日本規格協会）が発行されている。詳しく知りたい方は、拙著の『ISO 22301 で構築する事業継続マネジメントシステム』（日科技連出版社）を参照されたい。

った場合、緊急で在宅勤務を認め、自宅の私有 PC から組織のネットワークへのアクセスを許可するためにファイアウォールの設定を変更した場合、第三者による不正アクセスと従業員の私有 PC からのマルウェア感染という、機密性のリスク（情報漏えい）及び完全性のリスク（改ざんなど）が生じる。

　また、組織の重要な情報資産を扱う区画のドアに実装している電子錠が、パニックオープンタイプ（停電時自動開錠）[49]の場合には、停電を伴う非常時に単純に避難すると無防備の状態になり、施錠キャビネットなどで保護されていない情報資産の盗難による情報漏えい（機密性）などのリスクが生じる。

　以上のような、事業の中断・阻害時の状況が発生した場合に、情報資産の「可用性」だけでなく、「機密性」「完全性」の観点での対策の必要性を検討する。

　以下に、一般的な事業継続マネジメントの考え方と、事業の中断・阻害時の情報セキュリティについて解説する。

　図表 7.22 は、事業継続計画（BCP）の概念図である。事業の中断・阻害時の情報セキュリティは、事業を維持及び回復し中断又は停止期間を短縮することで、組織に与えるダメージ（損害）を最小化する実施されなければならない。

　BCP では、災害発生などで、事業活動が停止（通常の活動：100％が停止状態＝0％となる）した場合に、事業を復旧するため、通常以下のような3段階で復旧を図る計画を策定する。

① 　**インシデント対応（初動対応ともいう）**：災害発生直後から事業停止の状況が落ち着くまでの（被害の拡大が止まり、復旧すべき状況が確定する）段階
② 　**事業継続対応**：事業停止の状況から、部分的な再開を含めて事業の継続を進める段階
③ 　**事業復旧対応**：（可能な場合）事業を災害発生前の通常活動状態に戻す段階被害の状況によっては平常活動には戻すが、事業活動のレベルは災害前の状態には届かないこともある。

　事業の中断・阻害時における情報セキュリティの維持・継続の場合、事業継

---

49)　電子錠には、パニックオープン、パニッククローズの2タイプがある。パニックオープンは商業施設などで利用者が停電時に閉じ込められないようにドアを開いた状態にすることである。パニッククローズは、逆に、火災の延焼防止などのために停電時には防火戸などの扉を閉じることである。

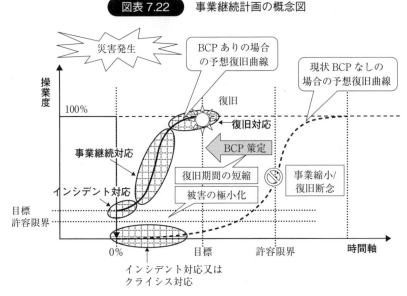

図表 7.22　事業継続計画の概念図

注)　内閣府：「事業継続ガイドライン」をもとに作成

続計画までは必要ないが、一般的な組織では、活動拠点や物理的な資産の可用性確保と合わせて情報の可用性確保は、組織の事業の維持・回復に不可欠となっている。事業の中断・阻害時には、混乱に乗じた情報資産の盗難や流出（機密性の喪失）及び要員体制の混乱による情報取扱いの誤り（完全性の喪失）なども考えられる。

　事業継続計画が策定済であれば、そのなかに情報セキュリティ（情報の機密性、完全性、可用性）を組み込めばよいが、未策定の場合は、災害などの場合で事業の中断・阻害時に想定される混乱と、その混乱に伴う組織の対応を想定した情報セキュリティを検討し計画することになる。

(2)　事業継続のためのICTの備えの検討

　事業の中断・阻害となる事象が発生した場合、情報セキュリティで最も影響を受けるのは情報システムの可用性である。**図表 7.23** は、事業継続のためのICT の備えとしての IT-BCP（情報システムの事業継続計画）を検討する場合の、復旧すべき事業プロセスの概観イメージ図である。基本的には①〜⑥のどのプ

図表 7.23　IT-BCP の復旧対象プロセスのイメージ

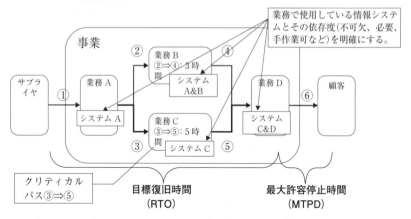

注1)　RTO と MTPD の中かっこは時間の長さを示しているのではなく、どの部分が
　　　RTO 又は MTPD に強くかかわっているかを示している。
注2)　IT-BCP では、重要な事業の各業務で使用されている情報システムを洗い出し、そ
　　　の業務システム依存度を明確にする。不可欠又は必要とされる情報システムは復旧優
　　　先度が高くなるが、そのなかでも、クリティカルパスになっている業務で使用される
　　　情報システムの優先度は高い(例えば、業務 C のシステム C の優先度が高い)。復旧
　　　優先度の高い情報システムが特定できたら、その構成要素(施設、設備、H/W、S/W、
　　　N/W、データ、ユーティリティ、システム要員、ベンダーなど)を明確にし、その構
　　　成要素が使用できなくなるリスクへの対応を検討する。

ロセスが停止しても、顧客に対する製品供給又はサービスの提供が停止する。

　IT-BCP では、事業のなかのどの業務プロセスに、どの情報システムがかか
わっているか、その業務の情報システム依存度はどの程度かを調査し、事業継
続のための ICT の備え(情報システムの可用性の確保)を検討する。

　その際、情報システム間の連携や、システムの構成要素(利用者、システム
エンジニア、オペレータ、ハードウェア、ソフトウェア、ネットワーク、通信、
電源など)を調査し、情報システムが機能しないという事態が、何によって発
生するのかを明らかにする。

　事業継続計画で、MTPD や RTO が定められている場合は、その期間内に
情報システムを復旧するための対策(冗長化、交換部品の確保、復旧手順書の
作成など)を実施する。

　図表 7.24 は IT-BCP における復旧ポイントの概念図である。情報システム
が停止した場合、バックアップがあっても、データの処理が停止しているため、

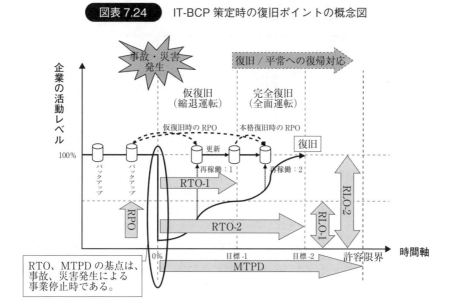

図表 7.24　　IT-BCP 策定時の復旧ポイントの概念図

注）　この図は、災害などで被害が大きかった場合、仮復旧、完全復旧の 2 段階で復旧対応をするケースである。

戻れる復旧時点は最後にバックアップを取得した時点となる。したがって、業務の特性によって RPO を定め、バックアップ取得のタイミングを決定する。

　また、RPO と実際の復旧時点の期間に処理すべきデータが発生する場合は、RPO の復旧を行ったうえで、追加処理の作業を組み込まなければならない。上記では、「可用性」にかかわる情報セキュリティ継続の検討について考え方を紹介したが、前述したように、「機密性」「完全性」に関する検討を合わせて行い、情報セキュリティの継続として必要事項をまとめる。

　なお、**図表 7.25** で、上記図表中に出現する用語の定義を示すが、有効な事業継続計画を作成する場合、これらの指標を定めることは重要である。

（3）　事業の中断・阻害時の状況下における情報セキュリティの維持・継続と事業継続のためのICTの備えの計画策定[50]

　本節の（1）及び（2）項で検討した事業の中断・阻害時の状況下における情報セキュリティの維持・継続と事業継続のための ICT の備えについて、具体的な

図表 7.25　事業継続計画の用語の説明

用　語	用語の説明
MTPD (Maximum Tolerable Period Disruption)	**・最大許容停止時間** 　災害や事故、大規模障害、広域停電などで、事業(業務)が停止・中断した場合、主要顧客などが事業(業務)の再開を待ってくれる最大限度の許容中断時間
RTO (Recovery Time Objective)	**・目標復旧時間** 　事業(業務)が中断した場合に、中断した時点を基点とし、いつまでに復旧するかいう目標時間。最大許容時間より短く設定するが、仮復旧から本格復旧へと段階的に設定する場合もある。
RLO (Recovery Level Objective)	**・目標復旧レベル** 　事業(業務)が中断する前の操業水準に対し、RTO の時間内にどこまで復旧させるかの程度。復旧目標レベル(レベル= n%の場合「n%≦100%」)は縮退運転など、部分的な復旧を行う場合の優先順位によって決定する。
RPO (Recovery Point Objective)	**・目標復旧地点** 　システム障害などでデータの消失、損壊があった場合、バックアップデータなどからどの時点まで復旧するかの目標。障害発生時点以前のどの時点まで復旧できるかは、データやシステムのバックアップ体制によって決まる。

実行計画を策定する。

　図表 7.26 は計画を作成するための指針となるモデル図である。事業の中断・阻害時の状況下における情報セキュリティの維持・継続と事業継続のための ICT の準備計画は、日常業務の中では実施することがない(非日常的対応である)活動である。したがって、組織が日常的に行う活動とは異なる対応(非日常的対応)が求められるため、事業の中断・阻害時に必要な行動計画を策定する必要がある。その行動計画で使用する規程、手順、チェックリストなどを関連づけることで事業停止という混乱時にも的確な行動が可能となる。

　事業の中断・阻害時の状況(非日常的活動)は、日常的な活動(通常業務)と以下のような違いがある。

① 　通常業務(事業)を続けるために必要な経営資源(要員、施設・設備・機器、サービス、資金など)が不足する。原因は、交通機関の停止や混乱に

---

50)　ISO/IEC 27001 附属書 A の管理策「5.29　事業の中断・阻害時の情報セキュリティ」と「5.30　事業継続のための ICT の備え」

図表 7.26 実行計画作成イメージ図

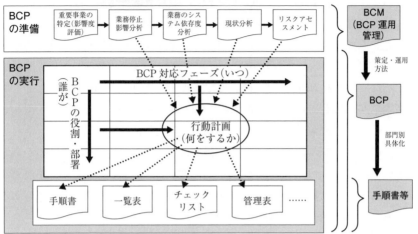

より通勤できない、要員の怪我や死亡、家族の看病や付き添い、施設・設備の損壊、電気水道ガスなど公共サービスの中断、銀行業務の停止などがある。

② 広域災害の場合には、不足した資源を通常の手続で補うことができない。また、通常受けられる外部からの支援が受けられない。原因は、資源やサービスの提供元も災害によって活動を停止、損壊した機器の部品を在庫していない、不足した資源を早いもの勝ちの取り合いとなるなどがある。

③ 経営資源が不足した状態では、通常業務の手順やマニュアルが役に立たない場合が多い。原因は、業務を熟知した要員が不足し不慣れな要員のための手順・マニュアルがない、縮退運転などで通常の手順が使えない、停電などで機械を使用する工程を人手に切り替えざるを得ないなどがある。

④ 特定の力量をもつ要員が実施している業務を他の要員でカバーすることが難しい。原因は、特定の力量を必要とする業務の代替要員を育成していない、経験の少ない代替要員が正しい手順で業務を遂行するための手順書・マニュアルが整備されていないなどがある。

⑤ 事業の中断・阻害からの復旧では、被害又は混乱の状況によって利用できる資源の量が異なるため、重要な活動(事業)から段階的に実施すること

になる。原因は、すべての業務(事業)を一度に復旧するための経営資源が調達できない場合、最も重要な活動(事業)に資源を投入することで、他の活動(事業)の復旧を後回しにせざるを得ないからである。

以上のように、事業の中断・阻害時の状況下における情報セキュリティの維持・継続と事業継続のための ICT の備えでは、上記①～⑤のような状況を解消するために**図表 7.26** の実行計画(行動計画含む)を策定する。

図表 7.26 の実行計画の横軸は、**図表 7.22** 事業継続計画の概念図の「インシデント対応」「事業継続対応」「復旧対応」の各段階に対応し、縦軸は、それぞれの段階において、組織のどの部署の誰又はどの役割の者が対応するのかを表している。そして、「どの段階で(いつ)」「誰が」が何をすればよいかを決まれば、それを確実にするために必要な手順書やリスト及び管理票などを準備するのである。行動計画は以下のような手順で作成する。

❶　事業の中断・阻害が発生した場合に、復旧すべき活動(事業)の停止による影響度(損害の程度)を評価する。

❷　❶で優先度が高いとした活動(事業)に関連する ICT 継続を含む情報セキュリティを明確にする。

❸　❷の ICT 継続を含む情報セキュリティについて、復旧優先度と最大許容停止時間、目標復旧時間を算定する。

❹　❸を達成するうえで不足する経営資源を識別し、事前に準備できるものと、事業の中断・阻害が発生した後で調達するものに分け、必要な手配を計画する。

❺　図表 7.26 の行動計画の初動段階では、事業の中断・阻害が発生した際に経営資源の状況を確認し、資源の不足状況とその調達手段を検討できるようにする。そのうえで、❹で事前に準備するとした資源を利用するための手順とマニュアルなどを準備する。

❻　次に、事業継続段階の計画では、❺で確定した状況に応じた対応になるため、事後に調達するとした必要資源の手配を迅速に行うための手順と、状況に合わせた柔軟な進め方を計画する。優先順位による段階的な復旧の場合は、それぞれの段階で必要となる資源と復旧を行う体制の役割と責任を決めておく。

❼　復旧段階の計画は、❻の進捗状況によるため体制と進め方の手順などを

決めておけばよい。最終的に平常状態に戻すために、事業の中断・阻害時の一時的な体制から平常時の体制に移行するための手順を用意する。

（4）　事業継続のためのICTの準備で行うべき情報処理施設の冗長性検討[51]

本節の(3)項の情報セキュリティの維持・継続の計画策定に関連するが、本節の(3)項では主に事業継続の行動計画を検討しまとめているが、情報処理施設の可用性を高めるには冗長化が最も有効である。

ISO/IEC 27001 の附属書 A でも情報セキュリティ継続の要求事項として、冗長性を要求している。

冗長化とは、情報システムの可用性を確保し、信頼性を高めるためにハードウェア、ソフトウェア、ネットワーク、通信、電源、データなどの予備構成をとり、運用システムに障害が発生したときに、予備構成を利用してシステムの可用性を確保することである。

組織は、情報及び情報処理施設に求められる可用性を考慮し、以下のような冗長性をもたせることを検討する。ただし、冗長化はあくまでも組織が行うリスクアセスメント結果において、コスト面、運用面、復旧時間、災害対策面などを検討し、そのメリット、デメリットを検討し、組織にとって最適な方法とレベルで行えばよい。

一般に冗長化は、多額のコストがかかるため、復旧時間に余裕のあるシステムまで冗長化する必要はない。費用対効果が見合わない場合は、冗長化のリスクを受容することもありうる。

(a)　サーバの冗長化

①　二重化

同一の装置(サーバ、通信設備など)を 2 台用意し、同時に同じ処理をさせることで、1 台が停止しても処理を継続できるようにする。

②　ホットスタンバイ

通常は異なる処理を行う装置を予備機[52]として運用し、運用設備に異常が発

生した時点で切り替える。

③　コールドスタンバイ

予備機を用意するが通常は停止している。運用設備に異常が発生した場合に予備機をセットアップし切り替える。

④　他社サービスの利用

クラウドサービスを提供する事業者と契約し、クラウドサービス事業者の冗長化設備を利用する[53]。

(b)　ストレージ(ハードディスク：HDD)の冗長化

■ RAID 構成[54]

ストレージの耐障害性対応には、RAID 0 から RAID 6 まで 7 つの方式がある。ただし、RAID 0 は複数のストレージに分散記録するだけのため、書き込みスピードは速いがストレージに致命的な障害が発生すると、そのストレージのデータは失われてしまう。RAID 2 から RAID 4 は、欠点が多く製品がないかほとんど利用されていない。

RAID 1 はミラーリングとも呼ばれ、同時に 2 つのストレージに記録するため、片方のデータを喪失してももう一方のストレージでリカバリができる。

RAID 5、RAID 6 は、分散データ・ガーディングとも呼ばれ、ディスクの故障時に記録データを修復するために「パリティ(データの誤り検出符号)」と呼ばれる冗長コードを、全ディスクに分散して保存している。RAID 5 は最低

---

52)　予備機として用意するサーバは、必ずしも運用機と同じものでなくてもよい。運用機を復旧する間に、重要度の高いシステムのみを優先的に稼働させる縮退運転を採用する場合は、必要最小限の機能が利用できればよいため、開発用サーバや、重要度の低いシステムのサーバを緊急時の予備機とする場合もある。
　　　ただし、予備機を利用する場合には、データ及びシステム環境のバックアップが確実に行われていることが条件である。
53)　クラウドサービス事業者の冗長化サービスの利用では、バックアップや冗長化の運用方法などがブラックボックスで公開されない場合が多く、緊急時に確実に利用できるかどうかについてのリスクが高い。クラウドサービスの利用にあたっては、確実なバックアップとリストア(復元読み込み)が保証される必要がある。
54)　RAID 構成はデータの消失を完全に保証するものではないため、RAID の特性を考慮した運用を行う必要がある。また、RAID は、RAID コントローラに HDD に書き込む前のキャッシュデータをもっているため、停電時にはキャッシュのデータは消失してしまう。これを防ぐには UPS(無停電電源装置)などの設置が必要である。

3台の HDD を利用し、1台の HDD が故障しても残りの2台で運用できる。

(c)　ネットワークの冗長化[55]

①　機器の冗長化

ファイアウォール、ルータ、スイッチなどのネットワーク機器を二重化し、機器の障害に備える。

②　経路の冗長化

ルータやスイッチ、ロードバランサー(負荷分散装置)などを利用し、通信経路を複数用意することで、通信経路の障害に備える。

(d)　インフラの冗長化

①　電源の冗長化

データセンターなど、電源喪失が組織に甚大な影響を与えるような事業を行っている場合は、外部電源からの二重化を行う場合がある。その場合、異なる変電所からの電力供給であればリスクは低減できるが、異なる発電所から供給される電源であれば、さらにリスクを低減できる。

内部電源では、自家用発電機や大容量バッテリーなどの非常用電源の確保、及び個々の装置に対する UPS(無停電電源装置)などの設置を検討するとよい。

②　外部通信の冗長化

異なる電気通信事業者(通信キャリア)と契約し、外部通信の回線を多重化する。その際、異なる電気通信事業者であっても実際の通信経路が同じ場合がある。例えば、ある電気通信事業者の通信網を他の電気通信事業者が借用している場合は、事業者は異なっても同じ回線を使用しているため、通信障害時には同時に停止してしまうことになる。外部通信の冗長化では異なる通信網を使っているかどうかを確認すべきである。

---

55)　ネットワークの冗長化は、管理の複雑化や障害発生時の原因究明時間の長期化にもつながるため、わかりやすい構成にすることと、冗長化後に想定されるネットワーク障害に対する対応手順を備えることが重要である。

（5）　事業の中断・阻害時の情報セキュリティ及び事業継続のためのICTの備えの検証、レビュー及び評価[56)]

「人は、日常経験していないことは緊急時にもできない」ということはこれまで、さまざまな災害現場で証明されている。本節の(1)項の計画は、一部を除き日常業務では、ほとんど実施することのない行動計画で構成されているため、計画だけ作っても定着させることは難しい。組織に定着させるには、**図表7.27** で紹介する演習を通じて、計画の中で想定している事態が発生したと仮定し、あたかも実際の災害などが起きたときのように行動させてみることによって計画した行動を理解させ、身に付けさせるのが有効である。

机上チェックやウォークスルーは、事業の中断・阻害時の情報セキュリティ計画作成者がその内容の適切性を検証することが主目的である。作成した計画に矛盾や実行上の問題がないことを関係者によってレビューし、実行可能な計画として完成させる。

シミュレーション訓練は、実際の災害時を想定したシナリオに沿って訓練を行うため、実際の場面での対処と同様の状況を体験することができる。また、

図表 7.27　BCP 演習（訓練）方法

演習の種類	内　容	頻　度	複雑性
机上チェック	• 内容をレビュー / 修正する。 • 事業継続計画の内容の有効性を検証する。	高い	低い
ウォークスルー	• 事業継続計画の内容の有効性を検証する。		
シミュレーション訓練	• 人工的な状況を使用して、事業継続計画に、復旧の成功を促進するのに必要、かつ、十分な情報が記載されていることを確認する。		
重要な活動の演習	• 通常どおりの運営として事業を危険にさらすことのない統制された状況で実施する。		
全事業継続計画の演習（IMP 含む）	• 建物 / 敷地 / 立入り禁止区域全体での演習を行う。	低い	高い

注）　BS 25999-1 の「9.3　BCM への取り組みに関する演習」の「表1-BCM　戦略に対する演習のタイプと方法」を参考に作成

---

56)　ISO/IEC 27001 附属書 A の管理策「5.29　事業の中断・阻害時の情報セキュリティ」

重要な活動の演習では、バックアップシステムの起動訓練など、普段はできない重要な活動について有効性の検証と、担当要員の訓練ができるため必要に応じて実施すべきである。

7.7 マネジメントシステム運用計画策定

　7.5 節と **7.6** 節で組織が実施すべきリスク対応の内容が確定したら、それを運用するための計画を策定する。

　ここでの計画は、制度設計という位置づけであり、実際の運用については第 8 章で解説する。

（1）　ISMSのPDCAサイクル設計[57]

　ISMS は、構築して終わりではなく、ISMS の構築がスタートであり、継続的な維持・改善のための活動が行われなければならない。ISMS 要求事項としては、「箇条 6　計画策定」(Plan)、「箇条 8　運用」(Do)、「箇条 9　パフォーマンス評価」(Check)、「箇条 10　改善」(Act)が大きな意味での PDCA サイクルの要求となっている(本書では、7.2〜7.9 節が Plan、8.1 節と 8.2 節が Do、8.3 〜 8.5 節が Check、8.6 節が Act に対応している)。

　ISMS の PDCA サイクルは、ISMS 認証取得時期に合わせるのではなく、組織の事業年度に合わせて行うのが一般的である。いつ、何を実施するかは組織の決定事項であるが、最低限、以下の事項を ISMS の PDCA サイクルに組み込むべきである。

　①　組織の状況(内外の課題の変化)及び利害関係者のニーズと期待の変化の確認：Plan

　②　情報セキュリティ方針群、情報セキュリティ目的の見直し：Plan

　③　情報資産台帳の見直し：Plan

　④　情報と情報処理施設及び関連資産に対するリスクの変化の確認：Plan

　⑤　リスクアセスメントとリスク対応の見直しと対応計画策定：Plan

　⑥　ISMS 文書(ISMS 規程、標準、手順など)の見直し：Plan

---

57)　ISO/IEC 27001 の「箇条 4.4　情報セキュリティマネジメントシステム」

⑦　上記①〜⑥に対する ISMS の変更計画作成：Plan

⑧　ISMS の変更計画及びリスク対応計画の実行：Do

⑨　ISMS 文書の改訂通知と周知徹底：Do

⑩　従業員教育（新規従業員教育、従業員継続教育、専門要員教育、管理者教育など）：Do

⑪　ISMS 運用のモニタリング（自主点検など）：Check

⑫　内部監査：Check

⑬　マネジメントレビュー：Check

⑭　是正・予防処置計画策定と実施：Act

　ISMS の PDCA サイクルを維持・改善するには中核となる推進要員が必要である。5.3 節の ISMS 導入推進組織の検討で示した体制の例があるが、基本的にはその体制を維持改善の体制として移行することが望ましい。

　図表 7.28 は、ISMS 推進体制の例であるが、5.3 節で説明した体制と異なるのは、内部監査チームの存在である。内部監査チームは、ISMS 責任者のために、ISMS 推進事務局の ISMS 運営及び各部門の ISMS 推進状況を監査し報告する。

　また、各役割の責任者で構成する「情報セキュリティ委員会」を設置し、定期的に組織の ISMS の運用状況の報告と課題の検討を行い、必要な改善を実行する。なお、この委員会は、その機能を果たすことができる他の会議体（例え

図表 7.28　ISMS 推進体制の例

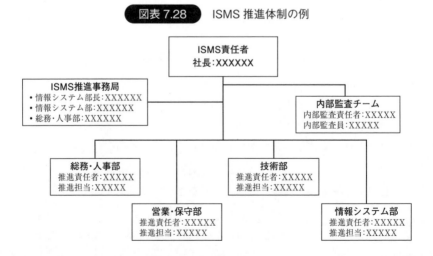

ば、部門長会議など)で代替してもよい。

(2)　コミュニケーション計画策定と脅威インテリジェンス[58]

ISMS の PDCA サイクルを運用するためには、さまざまな関係者とのコミュニケーションが欠かせない。

コミュニケーションには、以下のようなものが考えられる。本来コミュニケーションは双方向で行うものであるが、ISMS のコミュニケーションでは、伝達又は報告する、及び収集又は受領するといった、一方向のコミュニケーションも行われる。

① **組織内の ISMS 機能の責任と役割に伴うコミュニケーション**

経営陣や ISMS 事務局からの ISMS の運営にかかわる伝達や指示、組織内からの情報セキュリティに関する報告(情報セキュリティ事象、情報セキュリティの弱点、その他組織の ISMS に対する意見、要望など)がある。

② **組織と利害関係者間とのコミュニケーション**

利害関係者のニーズや期待に関する情報収集、組織が行う ISMS の活動に関するフィードバック(外部向けの情報セキュリティ報告書など)などがある。

③ **供給者(サービス供給者、製品供給者、業務委託先など)とのコミュニケーション**

SLA(サービスレベルアグリーメント)に関する報告及び連絡、相互の資産の安全な取扱いに対するニーズや期待、サービスや製品に関するぜい弱性情報及びその対策(セキュリティパッチを含む)の収集、情報セキュリティ改善のための情報交換などがある。

④ **監督官庁や ISMS 認証機関とのコミュニケーション**

インシデント(事件・事故)発生時の連絡・相談・報告などがある。

⑤ **組織の情報セキュリティに関連する情報提供機関、脅威インテリジェンス研究者及びセキュリティニュースサイト(脅威インテリジェンスの研究者のブログを含む)[59]、情報セキュリティ研究機関又は団体とのコミュニケーション**

---

58)　ISO/IEC 27001 の「箇条 7.4　コミュニケーション」、附属書 A の管理策「5.7　脅威インテリジェンス」

　脅威インテリジェンス及び情報セキュリティ改善のための情報[60]収集や情報交換、情報セキュリティの向上に関する研究活動などがある。

　それぞれのコミュニケーションの目的と役割によって、コミュニケーションの時期やその内容及びコミュニケーション方法が異なるため、組織の担当役割ごとに必要なコミュニケーションの計画を作成し、実施するべきである。

　附属書 A の管理策 5.7 では、「脅威インテリジェンス」を要求しているが、上記⑤のコミュニケーションによって必要な情報を収集し、分析、評価し、組織が自身の情報を保護するための戦略や対策を策定するための体制とプロセスを確立しなければならない。

　「脅威インテリジェンス」は、変化が激しく組織に与える影響が甚大となる可能性が高いサイバーセキュリティに関連する技術的脅威への対策を主眼とするのが妥当である。しかし、ISMS 運用組織は、すべての脅威に適切に対処する必要があるため、人的セキュリティ、組織的セキュリティ、物理的セキュリティの分野で、新たな / 変化した脅威が出現した場合に備えて、脅威インテリジェンスはすべての分野に適用すべきである。

（3）　ISMS要員への教育・訓練プログラムの策定[61]

　ISMS にかかわる要員は、ISMS の維持・改善に関する自身の役割について、必要な力量[62]をもたなくてはならない。

　組織は、マネジメントシステムの運用を担う要員と、ICT に関する技術的なセキュリティを担う要員について、必要な力量を決定し不足している力量があれば教育・訓練で身に付けさせるか、必要な力量をもった要員を社内外から採用する。自組織内では力量をもつ要員を確保できない場合は、その業務をアウトソーシングする方法もある。ISMS 要員の主な役割と力量の例は以下のと

---

59)　ニュースサイトの例：https://morningstarsecurity.com/news、https://securityboulevard.com/、https://www.bleepingcomputer.com/、https://www.infosecurity-magazine.com/、https://securityaffairs.co/

60)　最新のマルウェア情報、サイバーセキュリティの攻撃手法と動機、セキュリティ事件・事故情報など。

61)　ISO/IEC 27001 の「箇条 7.2　力量」「箇条 7.3　認識」

62)　力量（competence）とは、能力、適格性という意味があるが、単に知っているというのではなく「実行できる力」と考えるとよい。

おりである。

① **ISMS 責任者**

- **役割**：組織の ISMS 全般に責任をもち、組織の事業遂行に伴って生じる情報セキュリティの課題を解決するために、必要な経営資源を割り当てる。また、情報セキュリティ推進委員会やマネジメントレビューを主催し、組織の ISMS のパフォーマンスと有効性を確認し、必要な改善指示を行う。
- **力量**：ISMS 規格要求事項の基本的なレベルでの理解とそれを組織内で徹底するためのリーダーシップを発揮する。

② **ISMS 推進事務局**

- **役割**：ISMS 責任者を補佐し、その指示に基づく、組織の ISMS を維持・改善するための計画立案及び ISMS 規程・手順の見直しと、組織内への周知徹底、及び ISMS の教育・訓練を実施する。また、ISMS 運用組織内からの意見や要望をとりまとめ、実行可能なレベルでの組織の ISMS の維持・改善を行う。
- **力量**：ISMS 規格要求事項を熟知し、組織の ISMS 推進委員を指導しながら ISMS の目的を達成するための活動を主導できる（必ずしも ICT の技術的な専門性を必要としないが、ISMS 規格要求事項の技術面の要求を理解し、関係部門に対応を求められる程度の知識は必要である）。

③ **ISMS の運用の責任者と推進者**

- **役割**：部門の ISMS の運用に責任をもち、組織が定めた規則や手順を部門内に周知し徹底する。また、部門の ISMS 推進の状況を情報セキュリティ推進委員会やマネジメントレビューに報告し、必要な指示を受ける。
- **力量**：ISMS 規格要求事項の基礎と組織の定めた規程・手順を理解し、部門内の従業者を指導できる。

④ **ISMS 内部監査責任者・内部監査員**

- **役割**：組織の ISMS を監査し、組織が定めた ISMS 規程及び手順と、ISMS 規格要求事項への適合性、及び組織が実施している情報セキュリティ対策の有効性を判定し、ISMS 責任者に報告する。

　不適合を発見した場合は、該当部署に是正を要求する。また、有効性に課題があると判定した場合は改善の機会を指摘し、予防対策の検討を要求する。

- **力量**：ISMS の規格要求事項及び組織が定めた規程・手順を理解し、内部監査手法に精通している。

⑤　**情報セキュリティ技術者**

- **役割**：ICT 設備やネットワークなどの技術的セキュリティを実施し、情報及び情報システム関連施設の安全性を確保する。
- **力量**：技術的な情報セキュリティの必要性を理解し、サーバセキュリティ、ネットワークセキュリティなどの設定と保守ができる。

⑥　**情報システム設計・開発者**

- **役割**：組織が開発又は購入する(無償ソフトを含む)情報システムに必要なセキュリティを組み込む、又は必要なセキュリティが組み込まれたシステムを導入する。
- **力量**：サーバセキュリティ、ネットワークセキュリティなどの応用知識、セキュリティアーキテクチャ標準知識、セキュア設計、セキュアプログラミングなどの知識と適用能力がある。

⑦　**一般作業者(組織のルールとその実践)**

- **役割**：組織が定めた ISMS の規程・手順を順守する。
- **力量**：ISMS 規格要求事項の概要と組織が定めた ISMS の規程・手順の理解すること。ISMS の要員教育は、可能であれば組織内部で行ってよい。ただし、高度な技術や専門性を要求する力量の場合、外部の教育専門機関を利用することで、確実な力量を身に付けることが望ましい。

(4)　情報セキュリティパフォーマンスとISMSの有効性評価の基準、手法の設計[63]

　ISO/IEC 27000 では、パフォーマンスを「測定可能な結果」と定義している。したがって、情報セキュリティの目的を達成するための活動(ISMS の運用及び情報セキュリティ対策の実施)について、重要な活動の評価方法と評価基準を定める。

　情報セキュリティインシデントは、情報セキュリティ対策を実施していなくても起きないかもしれないが、有効な対策が実施されていなければいつ起きて

---

63)　ISO/IEC 27001 の「箇条 9.1　監視、測定、分析及び評価」

も不思議ではない状態であり、極めてリスクが高い状態である。

　情報セキュリティパフォーマンスの評価は、情報セキュリティのリスクが受容レベルに維持されているかどうかを確認するための重要な活動である。

　例えば、ある情報システムの可用性についての目的が「年間の停止時間を10時間以内とする(情報システムの設計誤り及びプログラミングのミスを除く)」であれば、パフォーマンス評価の対象は、情報システムの障害対応活動と、定期的な保守点検活動などとなり、評価基準は「計画した活動が適切に行われたか」ということである。何もしなくても結果さえ良ければよいのではなく、計画した活動のプロセスが適切であり、そのプロセスが実行された結果で意図した成果を挙げることが重要である。

　次に、ISMS の有効性評価であるが、有効性は「計画した活動を実行し、計画した結果を達成した程度」と定義されている。計画した活動を実行したかどうかは、パフォーマンスで評価されるため、「計画した結果を達成した程度」をどのように評価するかであるが、ISMS で計画するのは、情報セキュリティ目的を達成するための活動を計画するのであるから、上記の例であれば、有効性は、「情報システムの障害対応活動と、定期的な保守点検活動を実施した結果、年間の停止時間は 10 時間以内であったか」ということになる。

　組織全体の情報セキュリティ目的と、階層別部門別目的があるため、それぞれの段階に応じた評価を行い、組織全体の有効性は、階層別部門別目的が達成された程度で評価する。

　評価方法については、それぞれの評価対象について、どのような評価を、いつ、誰が、どのように行うかを定め、その評価に必要な指標を定める。また、評価するには、実施プロセスとその結果の記録が必要であるため、評価対象部門は、それぞれの情報セキュリティ目的を達成する活動について、評価可能となる記録を作成する。

(5)　内部監査基準と実施プロセスの確立[64]

　ISMS は、組織の日常活動のなかで実施されるため、各部署が自らの活動の監視、レビューを行うことが基本であるが、自主的な点検活動だけでは気づか

---

64)　ISO/IEC 27001 の「箇条 9.2　内部監査」

ない違反や情報セキュリティの弱点などが存在する可能性がある。

　内部監査は、監査対象部門から独立した専門的立場で、客観的で公平な監査を行い、被監査部門の ISMS の運用状況を適正に評価し、不具合を指摘することで ISMS の維持・改善に寄与するのが目的である。一般的に、内部監査は年1回実施するが、被監査部門を分割して半年ごとに行ったり、重要な活動の監査を年に複数回行ったりする場合もある

　内部監査員は、客観的で公正な監査を求められるため、自分自身の仕事を監査対象に含めないことが要求される。監査部門が独立した組織となっていない場合、各部門から選出（又は指名）された内部監査員が内部監査を実施するが、所属組織とは異なる被監査部門を担当させる。

(a)　内部監査基準

　内部監査（以降、固有名詞以外は「監査」と省略）とは、監査基準に照らして被監査部門が行っている活動をチェックし、監査基準に適合しているかを判定することである。監査基準とは、「ISMS 要求事項」及び「組織が定めた規程類」であり、組織が準拠すべき決め事である。

(b)　内部監査体制

　内部監査体制は、**図表 7.29** のように、内部監査責任者、内部監査リーダー、内部監査員で構成されるのが一般的である。

①　内部監査責任者

　内部監査計画、実施の総責任者である ISMS 責任者に任命され、ISMS 責任者に監査報告を行う者で、内部監査の実施ごとに監査チームリーダー及び内部監査員を指名する。

②　内部監査チームリーダー

　内部監査責任者に任命され、内部監査個別計画を立案、監査チームを編成し監査実行を指揮する。監査所見について被監査部門と合意し、ISMS 内部監査報告書を作成する。

③　内部監査員

　内部監査員の要件を満たし、内部監査チームリーダーに任命され、内部監査責任者に承認された者で、内部監査チームリーダーの下で内部監査を実行する

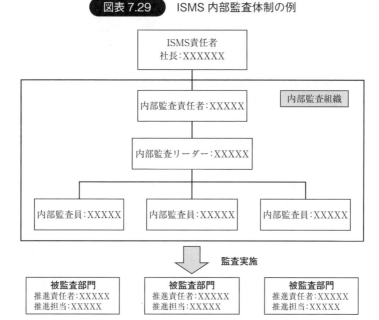

図表 7.29　ISMS 内部監査体制の例

（以下、内部監査員を監査員という）。

　内部監査体制は、通常組織内のメンバーで構成するが、組織内に内部監査を実施できる力量をもつ要員がいない場合は、外部の監査組織に内部監査を委託してもよい。

(c)　内部監査手順

　内部監査を実施する場合、**図表 7.30** のような監査手順を用意する。

①　監査プログラム作成

　監査プログラム作成では、年間スケジュールのなかに監査計画の概要を組み込み、詳細な実行計画は被監査部門との調整のうえで決定する。

　基本計画では、以下の内容を考慮する。

・部門監査目的[65]を明確にする。臨時内部監査では、情報セキュリティインシデント発生後に、発生部署の是正だけでなく、組織全体が再発防止活動

---

65)　例えば、定期内部監査、臨時内部監査などである。

図表7.30　ISMS監査手順

	フェーズ	説　明	実施者
1	監査プログラム策定	• 基本計画(1年間の実施計画)を策定する。 • 実行計画(個々の監査ごとの個別計画)を作成する。実行計画は基本計画をもとに前回の監査内容などを考慮して策定する。	• 内部監査責任者 • 内部監査チームリーダー
2	事前準備	• 被監査部門のプロフィール(業務内容、組織体制、人数、前回までの審査・監査の指摘事項、前回から発生したインシデント)を確認する。 • 監査テーマに応じ、内部監査チェックリストを作成する。	• 内部監査チームリーダー • 内部監査員
3	監査実施	• チェックリストに基づいて、運用状況を監査する。	• 内部監査チームリーダー • 内部監査員
4	監査報告	• 監査報告書を作成する。 • 監査是正依頼を作成する。 　(不適合など指摘事項がある場合)	• 内部監査チームリーダー
5	是正・予防処置	• 是正計画/是正・予防実施報告を作成する。	• 被監査部門責任者
6	フォローアップ監査	• 重大な不適合、急を要する是正があった場合など随時に是正結果を再監査する。	• 内部監査チームリーダー • 内部監査員

注)　フェーズ5の「是正・予防処置」は被監査部門の役割である。

を行っているかを監査する場合などがある。

• 重点監査テーマを定め、内部監査のマンネリ化や形骸化を防止する。その際、組織の置かれている現状や、前回までの監査・審査の結果を考慮する。実行計画は、年間スケジュールをベースに、被監査部門と調整し具体的な日程を決定する。

　監査の実施時間は、組織が決定することになるが、業務への影響を考慮し、1部門(又は部署)当たり2～3時間で計画する場合が多い。したがって、1回の監査ですべてのISMS要求事項についての適合性を監査することは困難であるため、部門ごとに監査項目を割り振り、組織全体で要求事項をカバーできるようにしたり、ISMS認証更新期限の3年間ですべての要求事項をカバーでき

るようにしたりすることを検討する。

　その際、部門ごとの情報セキュリティ目的を達成するための活動については、常に監査対象とするようにする。

　また、監査チームは、2〜3人の複数体制とし、監査の客観性、公平性を確保するとともに、監査員育成のためのOJTを行うことが望ましい。

② **事前準備**

　実行計画が確定したら、監査チームは効率的な監査を行うためのチェックリストを作成する。

　チェックリストを作成する場合、被監査部門のプロフィールと情報セキュリティ目的を確認し、重点監査テーマと合わせて監査すべき内容を決定し、チェックリストに反映する。

　チェックリストは、監査で確認する事項を箇条書きにしたものに、監査結果の記入欄を設けたもので、ISMS要求事項をベースにする場合と、組織の規程類をベースにする場合がある。ISMS認証組織では、組織の規程類をベースにした場合でも、チェック項目とISMS要求事項との関連づけを行い、ISMS要求事項の網羅性の確認ができるようにする。

　チェックリストは、監査の実施レベルを一定レベルに保つことと、監査実施時の確認漏れを防ぐことが目的であるが、実際の監査ではチェックリストにはない事象が発見されることがある。その場合は、チェックリストにこだわらず、発見された事象を確認し適合性の判定を行う。

③ **監査所見の確認**

　監査では、監査結果を監査所見を「不適合」「改善の機会」「良い点」の3つの分類で指摘する。監査結果の評価のばらつきをなくすために、開始する時点で、監査チームメンバーで監査所見の定義と考え方について再確認しておく。

　監査所見の分類の例を以下に示す。

- **重大な不適合**：監査基準(規格要求事項又は組織の規程で定められているマネジメントシステム及び情報セキュリティ対策)の大きな項目(例えば、内部監査、アクセス制御など)がまったくできていない場合
- **軽微な不適合**：監査基準の大きな項目(例えば、内部監査、アクセス制御など)が部分的にできていない場合
- **改善の機会**：現時点では不適合ではないが、放置すると不適合になる可能

性のある状況がある。又は、実施している活動が、情報セキュリティの目的を満たさないと考えられる場合

- **良い点**：監査基準を満たしているだけでなく、部門独自で他の模範となるような良い工夫を行い、ISMS の有効性を高める活動を行っている場合

上記の不適合の分類は、一般的なものであるが、監査基準への適合性で判断するのではなく、組織に与える影響度や緊急性などで不適合を分類している場合もあるので、組織の特徴や文化に合わせた分類を策定する。

④　**監査実施**

監査の基本はインタビューである。「やっていない」「できていない」はインタビューで確認(証言を得る)できれば、実地確認は不要としてもよい。しかし、「やっている」「できている」はインタビューだけでは確認できないため、裏付けとなる事実の確認を行うが、監査対象によって、「閲覧、観察、再実施(テスト)」などの手段を使用する。**図表 7.31** は、監査実施の流れである。監査対象の状況を確認し、監査証拠(インタビューメモ、閲覧・観察・再実施の結果など)を監査基準に照らして適合しているかを判定し、監査所見を決定する。大きな組織で複数の監査チームが監査を実施する場合、監査チームごとの評価

図表 7.31　ISMS 監査の流れ

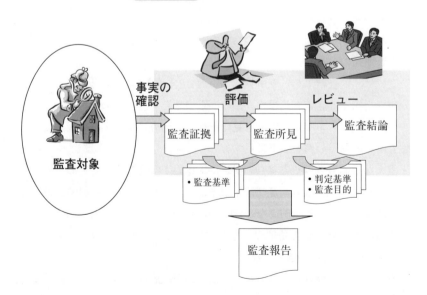

のばらつきをなくすため、監査チーム会議を開催し、監査所見のレベル合わせを行う。

監査結果全体が判明したら、監査目的に対する監査結果[66]を確定する。なお、監査所見、及び監査結論を決定する際には、監査の判定基準を事前に明確にしておく必要がある。

⑤ 監査報告

監査の結果、監査所見(不適合、改善の機会、良い点)をまとめた報告書を作成し、内部監査責任者に報告する。内部監査責任者は情報セキュリティ責任者に最終報告する(情報セキュリティ委員会への報告などでもよい)。

また、不適合に対する是正要求と、改善の機会に対する予防処置検討の要求は、別途、該当部門に提出する。

⑥ 是正・予防処置

不適合又は改善の機会を指摘された部門は、不適合の除去と改善の機会に対する対応を検討しなければならない。

不適合は、まず不適合状態をなくすための修正処置を行い、次に、その不適合の再発防止のために是正処置を実施する(修正のみで完了する場合もある)。

改善の機会に関しては、リスクアセスメントを行い、必要な対応策を決めることになるため、**7.4 節**の必要項目を実施する。

⑦ フォローアップ

監査指摘事項に対する是正、又は予防処置が確実に行われることを監査チームはフォローアップしなければならない。

特に、是正処置は適切に行われる必要があるので、是正計画の確認と是正報告書の確認を行う。重大な不適合に対する是正処置の場合は、必要に応じて部分的もしくは全面的な再監査を実施する。

(6) マネジメントレビューの運用設計[67]

マネジメントレビューは、トップマネジメント(経営陣)が、組織の ISMS の現状を把握し、適切なリーダーシップを発揮する場である。

---

66) 監査目的が達成できていたかの監査結論である。
67) ISO/IEC 27001 の「箇条 9.3　マネジメントレビュー」

ISMS 要求事項ではあらかじめ定めた間隔で開催することを求めているが、組織の年度スケジュールのなかで、ISMS 年度計画の作成、リスクアセスメントの見直し、従業員定期教育、内部監査などのイベントごとにタイムリーにマネジメントレビューに報告することが望ましい。

マネジメントレビューを単独で実施することは効率的ではない場合が多いので、経営会議や部門長会議など、組織が通常行っている会議に合わせて実施する例が多い。

ISO/IEC 27001 では、マネジメントレビューで、以下の事項をレビューすることが求められている。

a)　**前回までのマネジメントレビューの結果とった処置の状況**

b)　**ISMS に関連する外部及び内部の課題の変化**

c)　**次に示す傾向を含めた、情報セキュリティパフォーマンスに関するフィードバック**

　①　不適合及び是正処置

　②　監視及び測定の結果

　③　監査結果

　④　情報セキュリティ目的の達成

d)　**利害関係者からのフィードバック**

e)　**リスクアセスメントの結果及びリスク対応計画の状況**

f)　**継続的改善の機会**

上記の a)〜 f)だけでなく、組織の ISMS の運用について、トップマネジメントのリーダーシップにかかわる事項はレビューに加えるべきである。

マネジメントレビューの結果は議事録などで記録し、何をレビューしたのか(インプット事項)、どのような結論が出され、何を指示したのか(アウトプット事項)が明確にわかるようにしておく。

(7)　是正・改善プロセスの確立[68]

是正は内部監査の結果だけでなく、日常活動のなかで発見された不適合や情報セキュリティインシデント(事件・事故)などの結果で是正すべきことが発生

---

68)　ISO/IEC 27001 の「箇条 10.1　継続的改善」「箇条 10.2　不適合及び是正処置」

する場合がある。

　組織は、どのような形で是正処置プロセスを運用するのか、不適合状態の発見から、不適合の評価と報告、是正要求、是正計画、是正報告、フォローアップ（是正処置の有効性確認を含む）までの、一連のプロセスを設計し、実施する。

　また、是正対象ではない、情報セキュリティインシデントまで至らなかった未遂の事象や、ヒヤリ・ハット、情報セキュリティの弱点などの情報を収集し、リスクアセスメントプロセスによって予防的対策を検討する。その際、ISMS運用の課題（組織のルールの周知徹底、教育・訓練の有効性、ISMS活動の記録の維持、職場点検など）などについても、各部門からの意見収集や活動報告などから改善すべき事項があれば検討する。

7.8　文書化された情報の準備

　「文書化された情報」とは、方針、規程、標準、基準、手順などのいわゆる文書と、監査ログや、議事録、チェックリスト、作業報告などの記録の総称である。ISO/IEC 27001の原文（英語）で「文書」は"document"であるが、英語の"document"には、日本語の文書と記録の両方の意味合いが含まれている。

（1）　採用した対策と既存社内文書のマッピング及び外部文書の識別[69]

　ISMSの運用にかかわるプロセス、及びリスクアセスメントの結果採用した対策（組織が定めるルール）と、既存の社内文書（方針、規程、標準、手順書など）を比較し、既存の社内文書のどこに該当するかをマッピングし、既存の社内文書に反映できる部分は、既存文書を改訂又は追加して必要な内容を反映する。マッピングできない部分（既存の文書に反映できない部分）については、新規文書として作成する。

　また、ISMSを導入するにあたって、自組織が作成した文書ではない文書に準拠しなければならない場合は、その文書を外部文書として位置づける。例えば、行政機関からの情報セキュリティに対する指導（金融庁検査のセキュリテ

---

69)　ISO/IEC 27001の「箇条7.5　文書化した情報」

ィ検査項目など)や、取引先からの情報セキュリティに関する要求書、ISMS規格(ISO/IEC 27001：2022)などがある。

　ISMS文書は、関係するすべての従業者が参照し理解できなくてはならないため、多国籍の従業員を採用している組織は、必要に応じ複数の言語で作成する必要がある。

　文書体系は、**図表7.32**のように、最上位に「情報セキュリティ方針群」、次に「規程・標準」があり、最下層に「手順・マニュアル」という構成が一般的である。記録は、この文書体系に基づいて組織が活動した結果として作成されるものであり、可能な限り、文書(規程、手順など)と関連づけて様式を準備するとよい。

　上位文書で規定したことは、下位の文書に引き継がれなければならないため、方針群から手順までの整合性を確認する。

　図表7.32は、情報セキュリティ方針からの文書化の流れである。情報セキュリティ方針群とリスクアセスメント、規程・標準は別々に作成されるのではなく、情報セキュリティ方針群に従ってリスクアセスメントが行われ、リスク対応に関する管理策の選択を行うと、それが規程・標準として文書化されるという流れである。もちろん、マネジメントシステムの要求事項も合わせて規

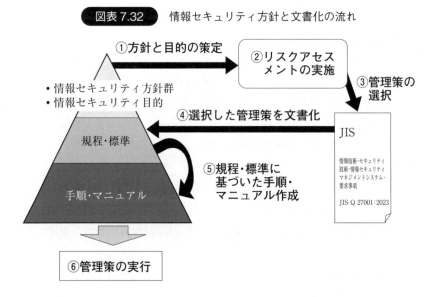

図表7.32　情報セキュリティ方針と文書化の流れ

①方針と目的の策定

②リスクアセスメントの実施

③管理策の選択

・情報セキュリティ方針群
・情報セキュリティ目的

④選択した管理策を文書化

規程・標準

JIS

情報技術・セキュリティ
技術・情報セキュリティ
マネジメントシステム・
要求事項

JIS Q 27001：2023

⑤規程・標準に
基づいた手順・
マニュアル作成

手順・マニュアル

⑥管理策の実行

程・標準に反映されるが、図中では省略している。

① **情報セキュリティ方針群**

　組織の情報セキュリティマネジメントに関する方向性を示すものである。組織全体の ISMS 運用のための情報セキュリティ方針(**図表 6.1**)を最上位方針とし、「人的セキュリティ管理方針(採用基準、情報セキュリティに関する誓約、教育・訓練、懲罰など)」「物理的セキュリティ方針(入退室管理、不正侵入防止対策、災害対策など)」「アクセス制御方針(ネットワークログイン管理、サーバアクセス管理、アプリケーションアクセス管理など)」などの組織が行う情報セキュリティ対策を、人的管理面、組織的管理面、技術的管理面、法的管理面などの観点で分類し、それぞれの方向性について方針としてまとめる。

② **規程・標準**

　情報セキュリティ方針群を具体的に実現する手段として、組織の順守すべきルールや管理プロセスを、規程、標準、基準などにまとめる。基本的な書き方は、「○○○は、□□□について、△△△しなければならない」というように、組織の従業者が順守すべきことが明確にわかるようにすればよい。

　規程・標準を作成する場合、上位の情報セキュリティ方針群と関連づけることで、組織の情報セキュリティの方向性とその実施のルールを理解することができる。

　また、単にルールのみを伝えるだけでは「なぜそうしなければならないのか」がわからないため、人は自分なりの解釈をして、本来のルールの目的が達成できない場合がある。ルールを周知する場合は、できるだけ「なぜそうしなければならないのか[70]」を理解させるようにする。

③ **手順・マニュアル類**

　規程・標準だけでは、どのように実施したらよいかわからない事項、又は正しい手順に従わないとミスの発生により事件・事故が発生する恐れのある作業などは、正しい手順に従わせるために、必要とする手順やマニュアルなどを用意する。

　手順・マニュアル類は、内容に間違いがあってはならないため、使用を開始

---

70)　ルールはリスクへの対策として制定されるのであり、「なぜそうしなければならないのか」については、どのようなリスクが存在するのかを説明する必要がある。

する前に十分な内容の検証と、手順・マニュアルを使用したテストを実施すべきである。特に、技術的なマニュアルでは、1 つの記載ミスが大きな事故につながることがあるため、手順・マニュアルに記載された内容で作業が完了できることを確認する。

(2)　未作成文書(規程、標準、基準、手順など)の特定と整備[71]

本節の(1)項で特定した、既存文書に反映できない(該当する文書がない)ISMS の運用プロセス及び情報セキュリティ対策について、新規文書として体系化する。

組織全体で ISMS を構築する場合は、組織全体のルールとして定めるが、情報システム部門など、部分的な ISMS を構築する場合は、部門ルールとして制定すればよい。

ISMS の認証を取得しようとする組織は、ISO/IEC 27001 の要求事項一覧を用意し、どの要求事項に対応したルールやプロセスを作成したのかがわかるようにする。必ずしも ISO/IEC 27001 の要求事項がすべて文書化されている必要はないが、文書化されたルールがなければそのルールが維持できない恐れがある場合、文書化は必須である。

文書化は、必ずしも文章で書かれた冊子のようなものである必要はなく、手順であれば、申請書や報告書などの様式に必要事項(承認の流れや保存方法など)を記述してもよい。また、契約書や誓約書、情報システムの開発仕様書やテスト仕様書などは、雛形を用意し、その雛形を利用して必要事項を追加変更すればよい場合には、「契約書作成規程・手順書」などを作成しなくてもよい。

「文書化」は、形式にこだわらず、組織が必要とすることが、利用者に理解できればよい。

ISO/IEC 27001 では、以下に記述する①～⑭の文書化された情報(文書及び記録)を利用可能な状態にすることを要求しているので、最低限この文書化(記録を含む)を実施しなければならない。ただし、以下で要求される文書化された情報は、そのタイトルの文書を要求しているのではなく、要求された内容が文書又は記録として作成されていればよい。

---

71)　ISO/IEC 27001 の「箇条 7.5　文書化した情報」

① 「箇条4.3　情報セキュリティマネジメントシステムの適用範囲の決定」

　適用範囲

② 「箇条5.2　方針」

　情報セキュリティ方針

③ 「箇条6.1.2　情報セキュリティリスクアセスメント」

　情報セキュリティリスクアセスメントプロセス

④ 「箇条6.1.3　情報セキュリティリスク対応」

　情報セキュリティリスク対応プロセス

⑤ 「箇条6.2　情報セキュリティ目的及びそれを達成するための計画策定」

　情報セキュリティ目的

⑥ 「箇条7.2　力量」

　力量の証拠

⑦ 「箇条7.5.3　文書化した情報の管理」

　組織が必要とした外部からの文書化した情報

⑧ 「箇条8.1　運用の計画及び管理」

　箇条6.1及び箇条6.2の活動が実施されたと確信をもつ程度の情報化され

た文書

⑨ 「箇条8.2　情報セキュリティリスクアセスメント」

　情報セキュリティリスクアセスメント結果

⑩ 「箇条8.3　情報セキュリティリスク対応」

　情報セキュリティリスク対応結果

⑪ 「箇条9.1　監視、測定、分析及び評価」

　監視及び測定の結果

⑫ 「箇条9.2.2　内部監査プログラム」

　監査プログラム及び監査結果

⑬ 「箇条9.3.3　マネジメントレビューの結果」

　マネジメントレビューの結果

⑭ 「箇条10.2　不適合及び是正処置」

　不適合の性質及びとった是正処置の結果

（3）　ISMSのモニタリング方法と必要記録の決定、及びISMS 活動記録の様式と作成プロセスの設計[72]

　ISMS の記録は、組織の ISMS 活動の証拠としての位置づけと、ISMS の運用の適正さを確認するためのモニタリング情報としての位置づけがある。

　組織は ISMS の管理プロセスを明確にし、ISMS 事務局が管理すべき記録類[73]と、ISMS を実施する各部門が管理すべき記録[74]を決定する。

　各部門が記録すべき記録類は、部門が行う活動（業務及び作業）のモニタリングのために作成されるべきであり、情報セキュリティ対策を実施する部門は、管理プロセスを設計し、必要なモニタリング情報を決定する。

　記録すべき事項が決定したら、記入方法や申請・承認・報告プロセスなどを考慮した様式を設計し、保存期間や保管・保存方法と廃棄期限を定める。

　記録は、改ざんや消失から保護されなければならないため、安全な管理方法を定める必要がある。また、記録の利用について、保存期限と廃棄基準を定め、該当する記録を管理する必要がある。

　また、長期的に保存する媒体に関しては、媒体の劣化によって利用できなくなる恐れがあるため、保存する期間や保存場所の環境によって耐用年数[75]を確認し、媒体の劣化による影響が出る前に媒体を更新することを検討する。

　媒体の読み取り装置も技術の進歩に合わせて変化することで継続性が失われる恐れがある。利用している媒体と読み取り装置の生産・流通に関する情報を定期的に収集し、必要であれば、媒体の更新と記録の写し替えなども検討する。

　媒体の耐用年数は、利用環境によっても異なるが、高温多湿の環境ではすべての媒体の劣化が早くなり、耐用年数が到来すると急速に書き込み又は読み取りエラーが増加するので、早めに交換する必要がある。

---

72)　ISO/IEC 27001 の「箇条 7.5　文書化した情報」「箇条 8.1　運用の計画及び管理」「箇条 9.1　監視、測定、分析及び評価」
73)　ISMS の PDCA サイクルの管理にかかわる記録のことである。
74)　情報セキュリティ対策の実施プロセスの記録のことである。
75)　酸性紙は 20 年、中性紙は 150 年、和紙は 1000 年以上、CD-R/RW/DVD は 10 年、フラッシュメモリは 10 年、HDD は 5 年が目安となる。

7.9 業務プロセスと ISMS 要求事項の統合化 の検討

（1） 情報セキュリティのルール、手続は業務に組み込む

ISO/IEC 27001 では「箇条 5.1 b）　組織のプロセスへの ISMS の要求事項の統合を確実にする。」という要求がある。

ISMS の活動を組織が行うビジネスの活動（業務）と切り離して管理をしようとした場合、業務の繁忙時には ISMS の活動が停止してしまう場合がある。本来、情報セキュリティは、組織が機会（ビジネスチャンス）を選択したときに必然的に生じる情報セキュリティの課題（リスク）を解決するためのものであり、機会の追求のみを優先することは、最終的に組織の機会を危うくすること（情報セキュリティインシデントによる損害の発生）にもなりかねない。

ISMS 要求事項（ISMS の要求事項に従って組織が定めたルールや手続）を業務として位置づけ、ビジネスの活動（業務）のなかに組み込むことを検討する。例えば、「組織の機密情報を許可なく持ち出してはならない」と定めた場合、組織の規程に記述しただけではどのように許可を受ければよいかわからないため、とりあえず自分の業務に必要だからと持ち出してしまうかもしれない。

そこで、「組織で機密と定めている情報は、許可なく持ち出してはならない。業務上の必要性があって持ち出したい場合は XX 手順に従って上司の許可を得ること」という手続を組み込むことでそのような問題を解決できることになる。

（2） マネジメントシステムの管理プロセス確立とリスク対策 の実行プロセスの業務プロセスへの組込み[76]

ISMS の活動（マネジメントシステムの運用及びリスク対策）を、組織の業務として位置づけ、主管部署と責任体制を明確にする。そして、その体制が行う活動を業務と位置づけ、業績評価の対象とすべきである。

ISMS に限らず、ISO のマネジメントシステム（品質管理、環境管理など）でマネジメントシステムが有効に機能しない組織の多くが、ISO の活動の多くを

---

76)　ISO/IEC 27001 の「箇条 4.4　ISMS」「箇条 5.1　リーダーシップ及びコミットメント b)」

ボランティアとして扱い、正規の組織の業務としてその活動の業績評価をしていない場合が多い。

　ISMS の主たる活動は、「情報セキュリティ目的の達成のための活動」を実施することであり、その活動は、運用計画によって運営され、パフォーマンスと有効性の評価を行うことが義務づけられている。

　図表 7.33 は、ビジネス活動と ISMS 活動を概念的に示したものである。ビジネス活動は、組織の利益を最大にするための活動であり、ISMS 活動は、組織の損害を最小にする活動である。したがって、両方の車輪が適切な大きさで目標に向かって進むことで、組織は最大の利益を得られるのである。

　図表 7.34 は、ビジネス活動と ISMS 活動のバランスが崩れている場合であるが、ISMS 活動が小さすぎる場合、情報セキュリティインシデントによる損害の発生により、組織の目標を達成できない。また、ISMS 活動が大きすぎる場合、有用な情報の組織内共有が阻害されたり、情報の利用に大きな制約が起きたりすることで、組織の活動が制約され、結果的に組織の目標が達成できなくなる。

　図表 7.34 のようにバランスの欠けた ISMS の運用ではなく、図表 7.33 のようにバランスのとれた ISMS の活動を行うことができるように、マネジメントシステムの管理プロセスを設計することが重要である。

　このようなバランスのとれた ISMS 活動を実現するには、ビジネス活動と ISMS 活動の役割を明確にし、関係者の役割と責任を業務として割り当てることである。そして、その活動の目的・目標を定め、レビュー・評価し、改善を求めることで目的の達成を図ることである。ISMS を運用している組織が図表 7.34 のようになる原因のいくつかは以下のとおりである。

① 　組織としての体制を重視せず、人に依存した運用を行い、要員の交代によって ISMS 活動が低迷する。

② 　ISMS 活動を本来業務としての位置づけをせず、ボランティアとして運用した結果、業績として評価されない活動が敬遠され、ISMS 活動が低迷する。

③ 　ビジネス活動とのバランスを考えず、ISMS 活動を優先した結果、組織内の情報共有化が後退するなど、業務効率の低下につながり、結果的に組織のビジネス活動の効率が低下する。

図表 7.33 　ビジネス活動と ISMS 活動がバランスしている場合

組織の目標

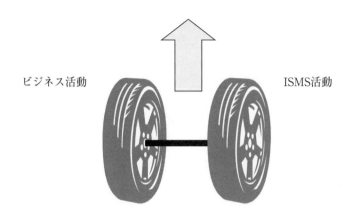

ビジネス活動　　　　　　　　　　　　　ISMS活動

図表 7.34 　ビジネス活動と ISMS 活動がバランスしていない場合

組織の目標　　　　　　　　　　　**組織の目標**

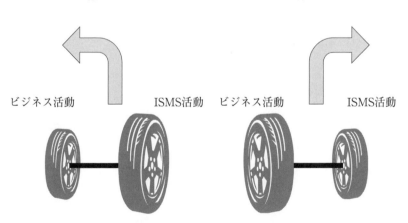

ビジネス活動　　　　ISMS活動　　ビジネス活動　　　　ISMS活動

④　組織内の ISMS 活動を規定しているが、「XX すること」という要求が
　書かれているだけで、それを実行するためのプロセス(許認可手続やモニ
　タリング方法など)が設計されていないため、規程を順守しない者がいて
　も発見できず、次第に順守率が低下する。

⑤　ISMS 活動を最優先とし、業務上の都合を考慮しないことで、業務効率

の低下を招く。

⑥　情報資産のリスクを過大評価し、情報利用の許可範囲を極端に狭めることで、組織内における情報の共有が阻害され、異なる部門の情報共有による相乗効果を発揮できない。

第8章

ISMS 運用

　第7章のISMS構築が完了した場合の運用について本章で解説する。

　ISMSの運用では、「いつ、誰が、何をしなければならないか」を明確に関係者に伝えなくてはならない。そこで、重要なのは、「なぜ、それをしなければならないか」を理解してもらうことである。

　「……しなければならない」という規則（規程類）の順守だけを求めると、規則にないことはやってもよいと判断し、規則に考慮漏れや、抜け穴などがあるとその規則は有名無実になる恐れがある。

　「なぜそれをしなければならないか」を周知することで、規則に少々の穴があっても、従業者は、規則本来の役割を認識し、工夫しながら規則の本来の目的を達成するようになる。

　周知徹底には教育・訓練が最適だが、1回だけではすぐに忘れてしまうため、重要なことは、日常活動のなかで繰り返し伝える必要がある。また、人は、「チェックされないことは、やらなくても大丈夫だ」と思う傾向があるため、重要な活動は、何らかの方法でチェックされ、記録を残す必要がある。

8.1　運用計画策定

（1）　部門・階層[1]別情報セキュリティ目的の策定[2]

　情報セキュリティ目的は、組織全体の目的と、階層化された部門目的を策定する。ISMS では、前述したように「目的」には「目標」という意味も含まれているため、「目標を含んだ目的」と位置づける。

　部門・階層別の情報セキュリティ目的は、必ずしも 1 つである必要はなく、複数の目的があってよい。また、組織のビジネスでは、短期目標(1 年)と中長期目標(3 年から 5 年程度)を立てる場合が多いが、情報セキュリティ目的でも同様の策定方法を採用することができる。

　一般的に部門においては、組織の異なる機能を分担しているため、それぞれの部門で独自の目的を設定するのが望ましいが、階層別に異なる機能を有していることは少ないため、部門単位で同じ目的でよい場合はあえて階層ごとに分ける必要はない。また、きわめて少人数の組織で、それぞれの部門が組織の機能を重複して担当している場合には、組織全体で単一の目的を設定してもよい。

　全社と部門では以下のような目的策定の考慮点(例示)が考えられる。

①　全社目的

　組織のビジネス戦略の遂行に伴う課題(情報セキュリティのリスク)の解決と、利害関係者からのニーズ及び期待に応えるための課題を考慮する。また、リスク基準や ISMS の有効性評価に反映するために、ある程度具体的な目的とする必要がある。

②　部門目的

　全社目的を達成するための各部門の役割に応じて、部門目的を設定する。以下に目的策定の考慮点の例を示す

・**人事部**

　情報セキュリティを順守し組織の信頼を守れる人材を確保する。具体的には、採用基準と人材評価の手法の確立や、個人別力量の管理、教育・訓

---

1)　部門とは、人事部、総務部、営業部、情報システム部など横の組織であり、階層とは、事業部、部、課、係などの縦の組織を表している。

2)　ISO/IEC 27001 の「箇条 6.2　情報セキュリティ目的及びそれを達成するための計画策定」

練計画とその有効性の評価などである。

- **営業部**

　顧客(利害関係者)の自社に対する情報セキュリティのニーズや期待を理解し、顧客情報の保護を確実にする。具体的には、アクセス制御や情報の持ち出し管理を実行するなどである。

- **情報システム部**

　組織の ICT インフラの可用性(停止させない特性)を維持し、利用者に安定した情報サービスを提供する。具体的には、「内外からの不正アクセスやマルウェアの侵入を防止し、情報を破壊、流出、改ざんから保護する」「組織が使用する PC や各種電子媒体の安全対策を定め、利用者に徹底するとともに、管理プロセスを整備し故意又は過失によってインシデントが発生することを防止する」「情報システム開発(業務用アプリケーションなど)及び導入では、運用障害が発生しないよう開発段階からの情報セキュリティの組込みを推進し、運用前に十分なテストを行う」などを行う。

- **技術部**

　先端技術の開発や、未公開技術の流出を防ぎ、同業他社からの競争優位を保つ。そのためには、機密情報の社外流出を防止するための情報の取扱い基準や管理プロセスの確立と、機密情報へのアクセスの監視などを実施するといった対策をとる。

　情報セキュリティ目的は、定性的又は定量的に評価でき、目的の達成度合いを評価することが求められる。目的を策定する際には、「どのように評価するのか」「何によって評価するのか」「達成度の指標と評価基準は何かなど」を明確にする必要があり、必要な管理プロセスと基準類の整備、必要な記録類の準備を行う。また、その評価をいつ、誰が行うのかを定め、情報セキュリティ目的の管理が確実に実施されるようにしなければならない。

(2)　ISMS年間活動計画策定[3]

　前項で策定した情報セキュリティ目的を達成するには、きちんとした年度計

---

3) ISO/IEC 27001 の「箇条 6.2　情報セキュリティ目的及びそれを達成するための計画策定」

画を策定し、実行の管理と見直しのプロセスを確立する。

　個々の部門における情報セキュリティ目的の達成は、部門の管理に任せてよいが、その活動の PDCA サイクルが計画どおりに運用されているかどうかを、ISMS 推進事務局が把握し、組織全体の計画に沿った活動推進を支援(指導)することと、情報セキュリティ委員会などに報告する仕組みが求められる。

　情報セキュリティ目的の策定と運用は、ISMS 単独で行う必要はなく通常の業務目標策定とその運用に組み込むことで、業務の一環として活動できることが望ましい。情報セキュリティ目的は、結果的に ISMS 運用として切り出すことができ、目的達成の評価を含めて ISMS 要求事項を満たしていればよい。

　組織全体で実施すべき ISMS の活動は、ISMS 推進事務局の責任で実施する項目と、組織の各部門が実行し、ISMS 推進事務局がとりまとめる項目などがあってよい。それぞれの役割分担は、組織が決定することであるが、各活動内容の実行承認及び結果の報告とレビューは、情報セキュリティ委員会及びマネジメントレビューで行うべきである。

ISMS の年間活動計画で実施すべき事項には以下がある。

① **情報セキュリティリスク対応計画を実施するための実行計画策定とその実施**

② **情報セキュリティ方針群の見直し(年 1 回)**

　組織の状況と利害関係者のニーズと期待の変化を確認し、情報セキュリティ方針群の見直しを行う(特に変化がなければ改訂する必要はない)。

③ **ISMS 適用範囲の見直し(随時)**

　事業の拡大や縮小、外部組織との関係(インタフェースと依存度の変化を含む)の変化、活動拠点の移転や新設又は廃止などに伴う適用範囲の見直しを行う。

④ **情報セキュリティ目的策定及び見直し(年 1 回)**

　上記①の結果を考慮したうえで、(1)項の情報セキュリティ目的(部門・階層別を含む)を策定する。情報セキュリティ目的は、年度計画を基本とするが、組織の事業戦略との関係を考慮し、中長期計画を立てることも検討するとよい。また、情報セキュリティの見直しも必要に応じて行う。

⑤ **情報資産台帳の見直し(年 1 回 + 随時)**

　組織のビジネスの変化(新事業開始など)によって新たな資産が発生した

り、これまでの資産が不要になったりした場合、情報資産台帳の見直しを行う。通常は年１回でよいが、大きな変化があった場合は随時行う必要がある。

⑥　リスクアセスメントとリスク対応の見直し(年１回＋随時)

　リスクに関する環境の変化(ICT 技術の変化、不正アクセスや不正侵入などの手口の変化、組織のビジネス環境の変化に伴う課題の変化、資産及び情報処理施設の変化、法令の施行や改正及び規制要求事項の変化、情報セキュリティに関する社会意識の変化など)を分析し、リスクアセスメント基準の見直しと変更部分に関連するリスクアセスメントを実施する。

　リスクアセスメントの結果、リスク対応の追加・変更が必要となった場合、既存のリスク対応計画の見直しと実行ルールの見直しを行う。通常は年１回でよいが、事業の拡大／縮小、拠点の移動、新しい技術的脅威の発生など、対応すべきリスクに大きな変化があった場合は随時行う必要がある。リスク対応により、管理策の適用に変更があった場合は、必要に応じて適用宣言書の見直しも行う。

⑦　ISMS 文書(規程、標準、手順など)の見直し(年１回＋随時)

　上記①～⑤の見直しを踏まえ、ISMS 文書の見直しを年１回以上の定期的及び必要の都度行い、関係者に周知徹底する。

⑧　従業員教育(新規従業員教育、従業員継続教育、専門要員教育、管理者教育など。年１回＋随時)

　情報セキュリティ方針群、情報セキュリティ目的、最新のリスク環境、ISMS 文書類の改訂、ICT 技術の変化などを考慮し、**7.7 節(3)**項で策定したISMS 要員への教育・訓練プログラムに従って、ISMS 関係者への教育プログラムの実施を年１回以上の定期的及び必要の都度計画する。従業員の階層別教育などは、通常 ISMS 推進事務局又はその意向を受けた人事部門などが実施するが、ICT 技術などの専門教育は情報システム部などの部門単位で実施する。また、専門的な教育では、外部の教育機関を利用することも多い。

⑨　ISMS 運用のモニタリング(自主点検など：随時、日次、週次、月次、四半期、半期など)

　ISMS のパフォーマンスの測定と有効性評価を行うために、随時、日次、

週次、月次、四半期、半期、年次など必要なタイミングで ISMS の諸活動をモニタリングし、その記録を作成する。個々の活動のモニタリングは各部門が実施するが、モニタリングの目的や方法、タイミング、評価基準などは、組織全体での総合化を必要とするため、ISMS 推進事務局は各部門が行うモニタリング活動を掌握する[4]。

⑩　**内部監査(年 1 回又は年 2 回)**

7.7 節(5)項で確立した内部監査プロセスに従い、年 1 回又は年 2 回の組織が定めた間隔で内部監査計画を策定する。

⑪　**情報セキュリティパフォーマンスと ISMS の有効性評価**

7.7 節(4)項で設計した情報セキュリティパフォーマンスと ISMS 有効性評価の基準と手法に従って、評価の時期を設定する。

⑫　**マネジメントレビュー(定期的：随時、月次、四半期など)**

トップマネジメントがリーダーシップを発揮するには、ISMS の活動に関する適切な情報が報告されなければならない。マネジメントレビューの運用は、**7.7 節**(6)項で設計したマネジメントレビュー運用設計に従って計画する。

レビューすべき事項は、年間を通じて行われる活動であるため、時期を失しないように月次の活動に対するマネジメントレビューの開催が望ましい。年間を通じた ISMS の有効性のレビューなどは年度の終わりに設定するとよい。

マネジメントレビューは、必ずしも正式の会議体で実施しなければならないということではない。形式にこだわらず、必要に応じてトップマネジメントに報告し、指示を得ることが重要である。

⑬　**是正・予防計画策定と実施**

不適合の発見や情報セキュリティインシデント対応、及び未遂や弱点の

---

4)　ISMS 運用のモニタリング(自主点検を含む)は、必ずしもシステム的な監視や、常時監視を要求しているのではなく、ISMS の活動にかかわる作業を実施した者以外の従業者又は上司がその結果や報告を確認することもモニタリングである。ISMS の活動が確実に行われていることを確認するために、どのようなモニタリングが有効かを検討し、過度に業務効率を制限せず効率的で効果的なモニタリング方法を採用する。

報告などによる是正処置や予防対策は、事象の発生の都度行う必要があるが、局所的な対応では再発防止が困難な場合や、設備投資を伴う大規模な是正処置が必要な場合、及び情報セキュリティパフォーマンスと ISMS の有効性評価の結果、必要となった予防対策など、中長期的な対応が必要な是正・予防対策に関する検討時期を設定する。一般的には、年間活動のまとめのマネジメントレビューのなかで討議し、決定された事項に対する計画を策定する。

8.2　運用開始

以下の運用開始の項目順は、実施の順番を意味していない。**8.1 節**で策定した運用計画に従って実施する。

（1）　管理者と従業者への階層別情報セキュリティ教育実施[5]

前節の(2)項で策定した教育プログラムに従い教育を実施する。教育の結果の記録は、「実施年月日、講師、教育プログラム名、受講対象者、受講者名、未受講者名、テスト結果、未受講者及びテスト不合格者へのフォローアップなど」を考慮し作成し、維持する。

ISMS の運用開始では、教育した内容が実施されなければ意味がないため、教育した内容の適用開始日を明確に伝える必要がある。また、未実施や不順守などの罰則や懲戒手続にも言及し、教育した事項が確実に実施されるよう工夫する。

ICT 技術者への専門教育などでは、教育の有効性は受講した時点でのテスト結果だけでなく、実際に ICT 技術[6]を実行した結果などの実技評価も考慮する。

---

5)　ISO/IEC 27001 の「箇条7.2　力量」「箇条7.3　認識」
6)　サーバのセキュリティ設定、ルータやスイッチなどのセキュリティ設定、ファイアウォールのポリシー設定、セキュアプログラミングなど。

(2)　情報セキュリティ目的の通知・公表[7]

前節の(1)項で定めた情報セキュリティの全社目的、部門別目的について、全従業者及び各部門の従業者に周知・徹底し、各種目的を達成するための活動の実施を求める。

情報セキュリティの目的は、常に従業者の意識に上るように、いつでも参照できるところに掲示するか、定期的にリマインド(再通知)することが重要である。

(3)　ISMS文書(規程、基準、標準、手順など)の公表[8]

ISMS 文書は、常に最新の版(又は必要な版)を関係者に提供しなければならない。ISMS 文書で規定したことは、業務プロセスのなかに組み込むことによって、参照しなくても順守できることが望ましいが、ISMS 文書の基準などを参照して判断を求められる事項などのために、いつでも適切な版が参照できるように、文書での配布やイントラネット上での公開など、組織が使える手段のなかで確実に伝えるようにする。

ただし、イントラネットなどに最新の版を掲載したとしても、更新した場合に関係者への通知を怠れば、イントラネットの文書をプリントアウトして使用している場合などは、旧版を使い続ける可能性があるため、確実に更新したことを伝えるようにする。ISMS 文書の配布などでは、旧版を回収することによって、新しい版の利用を確実にすることができる。

また、手順書などで、必ずしも最新版のみでなく、それ以前の版も必要な場合、どの版を使用すればよいかが明確にわかるように管理する。

(4)　ISMS変更計画の策定[9]

ISMS の運用開始後、定期的(年 1 回程度)に組織を取り巻く環境や法令及び規制要求事項、ビジネス戦略や戦術の変更、利害関係者のニーズと期待の変化などによって、組織体制や業務プロセス及び取り扱う情報資産の範囲や重要性

---

7)　ISO/IEC 27001 の「箇条 5.2　方針」「箇条 7.3　認識」、附属書 A の管理策「5.1　情報セキュリティのための方針群」
8)　ISO/IEC 27001 の「箇条 7.3　認識」「箇条 7.5　文書化した情報」
9)　ISO/IEC 27001 の「箇条 6.3　変更の計画策定」

などを変更する必要性を検討する。

　検討の結果、ISMS の運用基準やプロセスに変更が必要となった場合には、ISMS 要求事項への不適合や、情報セキュリティの弱点が発生しないよう、関係部者の責任者と合意のうえで変更計画を作成し実施する。

8.3 情報セキュリティパフォーマンス評価[10)]

　パフォーマンスは、ISO/IEC 27000 の定義では「測定可能な結果」となっている。ISO 9001（品質マネジメント）などでは、品質管理の成果として、製品の品質向上や顧客満足度などで表すことができるが、ISMS では、情報セキュリティ対策実施の結果として、リスク受容レベルを超えたインシデントが起きないことが成果である（リスクの受容レベルを設定した場合、リスク受容レベルの範囲内でのインシデント発生は許容していることになる）。

　また、ISMS の有効性は、情報セキュリティ目的を達成するための活動に関する高いパフォーマンスによって実現されるものであり、パフォーマンス評価の結果を利用して評価する。

(1)　ISMS活動のモニタリング（監視、点検、報告）

　7.7 節(4)項で設計した情報セキュリティパフォーマンスを評価するために、モニタリングを実施する。

(2)　ISMS活動のモニタリング結果の記録と測定及び評価

　前項で実施したモニタリング結果について記録し、情報セキュリティパフォーマンスの評価基準に従って評価を行う（7.7 節(4)項を参照）。

　モニタリングの記録は特に様式は問わないが、5W1H を意識し、「いつ、誰が、何をしたのか」を明確に記録し、その記録に間違いがないことや、その記録を作成するための活動が適切であり、認可されたものであることを作成者以外の者（上司、同僚、委託された第三者など）が確認した証となるようにする。

---

10)　ISO/IEC 27001 の「箇条 9.1　監視、測定、分析及び評価」」

(3)　情報セキュリティパフォーマンスの評価

　個々のモニタリング結果を集計し、組織が定める重要な活動に関する情報セキュリティパフォーマンスを評価する。

　一般に、あるリスクを防止又は低減するには、複数の対策が必要となるが、どれか一つの対策でも確実に実施されなければ、他の対策が完璧に実施されていても情報セキュリティインシデントが起きる可能性が高い。

　重要な活動に関する情報セキュリティパフォーマンスの評価では、そのようなひとまとまりの情報セキュリティ対策に関する情報セキュリティパフォーマンスを評価する。

　なお、情報セキュリティパフォーマンスの評価の一部として、次に述べる内部監査の結果(ISMS 活動の実施状況確認)を使用することも可能である。その場合、内部監査計画に、情報セキュリティパフォーマンスを評価するためのチェック項目を組み込む必要がある。

(4)　ISMS有効性評価

　7.7 節(4)項で設計した「ISMS の有効性評価基準」に基づいて評価する。具体的には、前項で評価した、情報セキュリティパフォーマンスの評価、及び部門別情報セキュリティ目的の達成の程度によって、組織全体についての情報セキュリティ目的の達成の程度がどのようになったかを評価する。

8.4　内部監査

　内部監査基準と実施プロセスに従って内部監査を実施する(**7.7 節(5)項(a)**を参照)。内部監査は、ISMS の運用サイクルに合わせて実施するため通常は 1 年ごとに実施する。ただし、ISMS 構築時の初回の内部監査は、ISMS を最低 1 カ月以上運用したうえで実施する。

　内部監査の実務について具体的な詳細は、本書の姉妹書である『ISO/IEC 27001 情報セキュリティマネジメントシステム(ISMS)内部監査の実務と応用【第 2 版】』(日科技連出版社)を参照されたい。

（1）　内部監査体制の発足と監査員教育の実施[11]

　内部監査員には、組織の業務を理解し潜在的なリスクを認識する能力と、発見したリスクを ISO/IEC 27001 の要求事項及び / 又は組織の定めた規則（方針、規程、基準、手順など）に従って判定する能力が求められる。

　これらの能力は、通常業務のなかでは身に付けることが困難であるため、専門的な教育を受けるのが一般的である。すでに、何らかの内部監査プロセスを運用している組織では、OJT などによる内部トレーニングも可能であるが、そうでない場合は、専門の教育機関の研修を受講する。受講する研修は、内部監査員研修でもよいが、ISMS 審査員研修（5 日間）を受講し、ISMS 審査員補の資格を取得することで、監査員としての能力を公的資格によって裏付けることも力量の確保手段として有効である。

　内部監査員候補が確保できたら、**7.7 節(5)項**で定めた内部監査体制を発足させる。

（2）　内部監査の実行計画の作成[12]

　内部監査責任者と内部監査リーダーは、**8.1 節(2)項**で計画した内部監査計画に従って、内部監査実行計画を策定する。内部監査実行計画では、「監査対象部門（部署）、監査日時、監査対象者（被インタビュー者）、監査範囲、重点監査ポイントなど」を決定する。

　また、監査準備から実施までのプロセスを、**7.7 節(5)項**で定めた内部監査手順に従って計画する。内部監査の計画は、被監査部門と調整のうえ、業務に支障がないように配慮すべきである。また、監査を効率よく実施するために、監査のチェックリストの提示までは必要ないが、内部監査で要求される主な記録類については事前に通知し、監査で必要とした場合速やかに提示できるようにすべきである。

（3）　内部監査実施と報告[13]

　前項で決定した内部監査実行計画を、**7.7 節(5)項**で定めた内部監査手順に従

---

11)　ISO/IEC 27001 の「箇条 9.2　内部監査」
12)　11) と同じ。

って実施する。

　内部監査の結果は、組織が定めた手順で監査責任者がトップマネジメントに報告する(個別報告か会議体での報告かの形式は問わない)。報告を受けたトップマネジメントは、監査所見及び監査所見に対する是正要求、予防処置検討要求などについてレビューし承認する。

(4)　是正計画策定と実施と内部監査フォローアップ[14]

　内部監査の指摘事項に関し、被監査部門は、是正処置計画及び予防処置計画を(必要があれば)策定し実行する。ただし、是正処置計画及び予防処置計画の実施に際しては、内部監査リーダーがその計画を確認している必要がある。

　内部監査リーダーは、被監査部門の策定した是正処置計画及び予防処置計画が指摘事項に対して適切かどうかを判定し、不適切と判断した場合は、見直しを要求する。最終的に是正報告書を確認し、是正の完了をもって当該内部監査プロセスの完了とする。なお、軽微な不適合に対する是正処置及び予防処置の検討結果に関しては、当該監査プロセスではなく、翌年度の内部監査プロセスで確認するとしてもよい。

　監査指摘事項に対する是正又は予防処置は、あくまでも被監査部門の責任であるため、是正処置計画と是正処置報告及び予防処置計画と予防処置報告に関しては、それぞれの部門からトップマネジメント(又は権限を委譲された部門長)に報告し承認を得る必要がある。

(5)　内部監査プロセスのレビュー[15]

　内部監査プロセス自体も継続的改善の対象である。内部監査計画と実行結果をレビューし、内部監査の目的を達成できたかどうか、効率的で有効な監査を実施できたかどうかなどを判定し、問題点があれば内部監査プロセスを見直す。

---

13)　ISO/IEC 27001 の「箇条 9.2　内部監査」「箇条 10.2　不適合及び是正処置」
14)　13)と同じ。
15)　13)と同じ。

8.5 マネジメントレビュー

■マネジメントレビューの計画と実施[16]

7.7節(6)項の「マネジメントレビューの運用設計」で設計したマネジメントレビューについて、いつ、何をレビューするかをISMSの活動計画のなかに組み込み、マネジメントレビューに向けて必要情報を収集する。

ISMS事務局は、収集した情報を整理し、マネジメントレビューで伝えたいこと、討議してほしいことをインプット情報としてまとめる。また、トップマネジメント自身が討議したい議題があればその情報を収集しインプット情報とする。マネジメントレビューは定期的に実施するが、大きな組織変更や事業の変化、法令規制要求事項の変化、インシデントの発生などでISMSの運用に大きな影響が考えられる場合は、臨時のマネジメントレビューを開催することもある。

マネジメントレビューの結果、決定した内容を議事録として記録するが、ISMSの改善に関する指示事項については、それが実行に移されるように、具体的な手続を開始するとともに、次のマネジメントレビューで改善状況のフォローアップが行われるようにする。

トップマネジメントは、マネジメントレビューで報告されたISMSの活動内容が、組織の目的の達成に向けて有効に機能しているかを確認し、必要であれば改善指示を出す。

また、経営資源(人材、資材、資金など)の必要な決定に関しては、その場で決定できるもの以外は、必要な組織内手続(予算計上申請、予算実行申請、人事発令など)の開始を命じる。

8.6 改善[17]

■ISMS活動の課題及び改善点の整理と改善点

内部監査、インシデント対応、マネジメントレビューなどの結果を受けて、

---

16) ISO/IEC 27001の「箇条9.3 マネジメントレビュー」「箇条10.2 不適合及び是正処置」

7.7節(7)項で検討した是正・改善プロセスを実行する。

是正・改善プロセスは、日常的な活動からも発生するため、随時実施できるようにする必要がある。また、当年度のPDCAサイクルのマネジメントレビュー結果を受けて、ISMS活動の見直しを行い翌年度のISMS活動を改善する。ISMSの初回構築時の改善では、ISMSが設計したとおりに実行できているか、ISMSが組織の目的を達成できるようになっているかを検証し、組織のISMSを改善するための対策を検討し実施する。

---

17)　ISO/IEC 27001の「箇条10.1　継続的改善」

第 **9** 章
ISMS 認証登録

　本章では、ISO/IEC 27001 の要求事項に従って構築した組織の ISMS を、第三者認証制度に則って認証を取得し、ISMS 認証事業者として登録するための考え方と手続を解説する。

　ISMS 認証登録は、決して難しいことではなく、組織が ISMS 規格要求事項に従って構築した ISMS を、認定された第三者認証機関(審査登録会社)によって適合していることが確認されれば、登録され公表される。本書に従って適切に構築し運用された ISMS であれば認証を取得することができる。

　そして、認証を取得することにより、ISMS の認証マークを組織のホームページや社員や職員の名刺に使用することができるため、対外的なアピールの手段として活用することが可能である。

　ただし、ISMS 認証マークは、ISMS の適用範囲内での使用に限られる。

9.1　ISMS 認証制度

　ISMS の導入は、第 1 章で述べたように、「情報・知識の時代」に必要とされる情報保護のための管理の仕組みを導入することにより、組織の情報に対する事件・事故の発生を予防する。これにより、組織の重要な情報を、漏えいや、改ざん、破壊などから保護し、損害の発生を防いで利害関係者からの信頼を高めることができる。

　しかし、ISO/IEC 27001 の要求事項に従って ISMS を構築したといっても、それを信用してもらうには、組織が行っている ISMS を見に来てもらわなくてはならないが、すべての利害関係者に来てもらい、正当に評価してもらうのは不可能に近いことである。

　ISMS の認証は、ISO/IEC 27001 の要求事項に従って ISMS を構築したことを、認証機関（審査登録機関ともいう）が審査を行い認証するものである。

　認証機関は、IAF[1] に加盟した各国の認定機関[2] によって認定される。

　例えば、日本には、ISMS-AC（情報マネジメントシステム認定センター）とJAB（公益財団法人日本適合性認定協会）の 2 つの認定機関があり、英国ではUKAS[3] が認証機関の認定を行っている。

　認定された認証機関によって、国際的に認められた基準と手続による審査が行われ、認証を受けた組織は、日本国内はもとより、世界のどの国でも通用する情報セキュリティマネジメントに関する信用（認証）を手に入れることができる。

9.2　ISMS 認証登録申請

　図表 9.1 は、組織（評価希望事業者）が ISMS の認証を取得し認証取得事業者

---

1 ）　International Accreditation Forum（国際認定フォーラム）の略称である。IAF は認定機関の適切な運営と信頼性を確保し、異なる国や地域で発行された ISO の認証が相互に承認されることを可能にし、国際的な信頼性と一貫性を確保することを目的とした、マネジメントシステム認証機関や製品認証機関、要員認証機関を認定する機関の国際的組織である。

2 ）　原則として一国に 1 つの割合で設置され、現在約 70 機関が加盟している。

3 ）　United Kingdom Accreditation Service（英国認証機関認定審議会）の略称である。

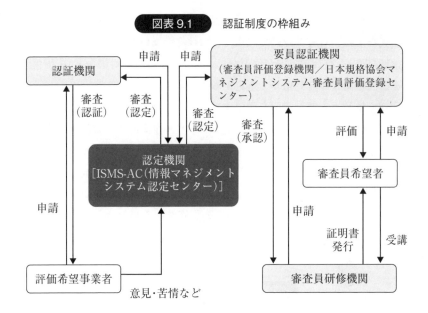

図表9.1　認証制度の枠組み

として登録されるための制度の枠組みを示している。

　ISMS 認証機関の認定は、ISMS-AC が国内で最初に ISMS 認証制度を発足させたことから、ISMS-AC が現在も日本国内すべての認証機関を認定し、JAB は、ISMS-AC の認定を受けている 1 機関を重複認定している。

　ISMS の認証機関は、2023 年 7 月現在で ISMS-AC が 29 機関、JAB が 1 機関（ISMS-AC と重複）となっている。ISMS 認証登録希望事業者は、ISMS-AC（又は JAB）のウェブサイトに認証機関の一覧が掲載されているのでそのなかから探すことができる。

(1)　ISMS認証機関選定

　ISMS 認証機関の選定は、その後の自組織における ISMS の有効な運用に影響を与えるため、慎重に行う必要がある。

　ISMS 認証取得だけが目的であれば、相見積りをとり、最も安価な審査を行う認証機関に依頼すればよいが ISMS を導入し、組織のもつ情報セキュリティの能力を高めたい組織にとって、審査は自組織の現状を把握するための重要な手段である。

　不適合を出さない（見つけられない）審査や、形式だけを重視し重箱の隅をつつく審査などは、有害なだけで組織の役には立たないため、組織にとって、有益な指摘（真の不適合、組織が気づいていなかったリスク対応など）を提供してくれる認証機関を競合見積りで選定する。

　見積りを依頼する認証機関を選定するには、これまでのISMSにおける審査実績、認証機関の専門性（得意分野）、グローバル企業の場合は海外の審査実績、受審組織の評判、認証機関の営業員の説明の信頼性など、いくつかの選定基準を活用する。2〜3の認証機関を選定したら見積りをとり、組織に有利な価格と条件を提示した認証機関に決定する。ISMS認証の有効期間は3年間であるため、3年間を1つの単位として見積りの評価をするとよい。

　図表9.2は初回認証審査の流れと、認証の有効期間（3年間）の審査の流れで

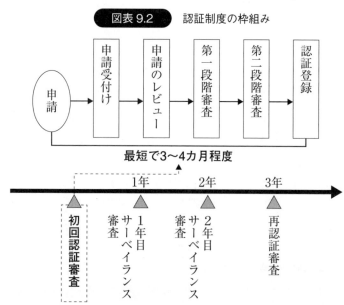

図表9.2　認証制度の枠組み

注）　選択した認証機関が組織の期待した審査を提供できない場合に、維持審査又は更新審査のタイミングで、追加費用なしで他の認証機関に登録を変更することが可能である。ISMS認証は認証機関にかかわらず有効であるため、認証機関を変更することに問題はない。また、認証機関には問題ないが、担当の審査員が組織の期待に応えられない場合は、認証機関と相談し、次回の審査から審査員の交代を求めることも可能である。

ある。認証の有効期間は3年であるが、その間、毎年維持審査(サーベイラン
ス審査)が行われ、3年後に、認証を継続したい組織は再認証審査を受けなく
てはならないため、3年間の審査をセットで考えたほうがよい。

　認証機関との連絡は、ISMS事務局が行い認証取得にかかわる諸手続をすべ
て確認するとよい。認証登録(審査を含む)の手続や審査工数(見積金額に影響)
は、認定基準の範囲で認証機関の裁量に任せられている部分があるので、可能
な限り審査工数の見積根拠などを確認し、不明な点をなくしておく。

(2)　ISMS認証機関決定と認証登録申請及び契約

　前項で認証機関の選定が完了したら認証機関の申請手続に従って、必要書類
を提出する。必要とされる書類は認証機関によって異なるが、基本的には認証
登録のための審査を受ける準備ができている(又は審査開始までに準備ができ
る)ことの確認と、認証審査を含む認証登録のための契約締結である。

　認証登録申請では、以下の情報を提供する。また、認証機関によって内容は
異なるが、以下の情報以外に、アンケート形式で可能な限り詳細な現状の報告
を求められる場合もある。

- 組織の一般的な特徴(組織名称、所在地住所など)
- 組織の活動、人的及び専門的資源、認証登録希望範囲など
- 要求事項への適合に影響を与える可能性のある、組織が利用する、外部委
託したプロセスに関する情報
- 組織が認証を希望している規格又はその他の要求事項
- ISMSに関係する、コンサルティングの使用にかかわる情報

認証機関は、申請を受け付けた後に申請内容を審査し、適切であると判断し
た場合契約を締結する。

　契約締結後(又は契約時に)、審査スケジュールを決定するが、初回認証審査
では、第一段階と第二段階の2回に分けて審査が行われる。第一段階と第二段
階は合わせて一つの審査であるが、第一段階では、第二段階に移行することが
できる状態かどうかを審査する。

　審査スケジュールの決定では、審査員の審査スケジュールを約3カ月前に決
める認証機関が多いため、一定の期日までに認証審査を受審したい場合は、審
査員の確保が必要であり早めに申請を行うほうがよい。

　申請時点で組織の ISMS の構築が完了している必要はないため、通常は、ISMS 構築(マネジメントレビュー実施を含む)の完了時期の目途がついた時点で申請の手続に入ればよいが、認証機関によっては、ISMS の構築がスタートした時点で申請を受け付けているところもある。

9.3 ISMS における審査

　ISMS 認証の目的は、「組織の ISMS が全ての関係者に，マネジメントシステムが規定要求事項を満たしているという信頼を与えること」[4]である。認証機関は、組織に ISMS 認証を授与及び維持・継続する場合に適切な審査を行うことが求められている。

　認証機関が行う審査について、認証機関に対する要求事項には、組織に対する審査目的に審査の種別(例えば「初回認証審査」など)による審査によって達成すべき事項を記述した上で以下を含める(確認事項として)ことが要求されている(依頼者＝組織)。

① 　依頼者のマネジメントシステム又はその一部の、審査基準への適合の決定(規格要求事項に適合したルールの策定と実施状況)

② 　依頼者が、該当する法令、規制及び契約上の要求事項を満たすことを確実にするための、マネジメントシステムの能力の確定(法令、規制及び契約上の要求事項を順守するための仕組みと実行状況)

③ 　依頼者、自身が特定した目的を達成することを合理的に期待できることを確実にするための、マネジメントシステムの有効性の確定(情報セキュリティ目的達成の活動状況と評価基準を含む有効性評価の妥当性)

④ 　該当する場合、そのマネジメントシステムの潜在的な改善の領域の特定(ISMS 活動で不適合になる可能性のある状況及び有効性に疑義がある状況)

　組織の ISMS は、認証審査の時点で完璧である必要はないが ISMS 要求事項に適合したルールが定められ、実行されていることが必要であり、維持・改善

---

4 ）　認証機関に対する要求事項「ISO/IEC 17021-1：2015 適合性評価―マネジメントシステムの審査及び認証を行う機関に対する要求事項」の「箇条 4.1　一般」からの引用

のための PDCA サイクルが機能していることが認証の条件となる。適合した
ルールは、通常組織の方針、規程、基準、標準、手順などに記述されるが、不
文律として組織の誰もが順守できるルールであれば文書化されている必要はな
い。

認証審査には以下の種類がある（**図表9.2** を参照）。

① 初回認証審査

初めて認証を取得する組織に行われる審査で、第一段階と第二段階の2回に
分けて実施される。認証の有効期間は3年である。

② 維持審査（サーベイランス審査）

認証の3年間の有効期間内に毎年実施される審査で、組織の ISMS が有効に
維持されているかを確認する。原則として、前回審査から1年間の ISMS の変
化に対する対応や、継続的改善が行われていることを確認する。

③ 再認証審査（更新審査とも呼ばれる）

初回認証又は前回の再認証審査から3年後に組織が ISMS 認証の継続を希望
する場合に行われる審査である。原則として、ISMS 認証取得組織が初回認証
又は再認証取得からの3年間に有効な ISMS の運用を行い、次の3年間も
ISMS を維持改善する能力があるかを確認する。

④ 移行審査

ISO/IEC の国際規格は、原則として5年ごとに規格の見直しが必要かの審
議が行われる。規格の見直しによって改正が行われた場合に、新しい規格に移
行するための審査が行われる。通常は、維持審査、更新審査のなかで行われる
が、臨時の審査で差分審査を行うこともできる。

⑤ その他の審査

組織の ISMS の適用範囲の拡大、又は組織の ISMS の大きな変更[5]があった
場合に行われる。維持審査、更新審査のなかで行うこともできるが、審査機関
の判断で臨時の審査とする場合もある。

---

5) 例えば、組織の法律上、商業上、組織上の地位又は所有権の変更、事業所の移転な
どのことである。

（1）　ISMS認証審査スケジュール調整

　認証機関によっても異なるが、初回認証審査の第一段階実施までには、組織のISMSのPDCAサイクルが1回は実施されている必要がある[6]。運用開始から内部監査までには最低でも1カ月は必要であり、マネジメントレビューの実施までを考えれば、運用開始から初回認証審査の第一段階までには最低でも2カ月程度の期間が必要である。

　初回認証審査の第二段階は、第一段階の直後に行うことも可能であるが、第一段階で懸念事項（そのまま放置すると第二段階で不適合と判定される恐れのある事項）を指摘された場合、懸念事項を解消する期間が必要となる。

　一般的には、1カ月から2カ月の期間を第一段階の懸念事項対応期間としている場合が多い。

（2）　第一段階

　第一段階の目的は、「組織のISMS基本方針及び目的に照らして当該ISMSを理解し、また特に当該審査に対する組織の準備状況を理解することにより、第二段階計画の焦点を定める」とされている。

　第一段階では、「ISMS要求事項に適合したISMSの仕組みができている」ことを審査するため、「文書審査」とも呼ばれる組織が定めた方針、規程、標準、手順などの確認が中心である。ただし、文書化されないルールや仕組みも存在するため、必ずしも文書審査のみが第一段階ではない。

　第一段階で確認できない事項は、第二段階で確認することになるがISMSの仕組みができていないという懸念事項が出された場合、第二段階の前に仕組みを確立し、実行しておかなければならない。

　審査は一般に以下の手順で行われる。

① 　初回会議

　トップマネジメントと事務局及びISMS運用責任者などを対象に、審査の目的、組織の登録申請内容、審査活動の要点、審査スケジュールなどの確認と質疑応答を行い、審査開始の準備を行う。

6）　認証機関に対する要求事項では、ISMSを構築・運用したうえで、内部監査を行いマネジメントレビューが実施されていることを確認することが求められている。

② トップインタビュー

　トップマネジメント(経営陣)のISMSに対する考え方やリーダーシップについて確認する。主な確認内容は、「❶内部及び外部の課題認識、❷ISMS基本方針の確立状況の確認、❸ISMSにおける役割、❹責任の確立状況の確認、❺経営資源の提供状況の確認、❻内部監査とマネジメントレビューの確認、❼事業の中断・阻害時の情報セキュリティ」である(トップインタビューは、第二段査で行い第一段階では実施しない場合もある)。

③ 組織内見学(サイトツアー)

　職場環境や入退室管理など組織の概況について確認する。

④ 審査実施

　インタビューと文書類を確認する(証拠の収集)。

⑤ 審査チーム会議

　審査意見を形成する。

⑥ 日ごと会議

　審査が複数日にわたる場合、日々の審査結果を事務局に伝える。

⑦ 終了会議

　トップマネジメント(不在の場合は権限移譲された者が出席)と事務局及びISMS運用責任者が出席し、審査結果の伝達と確認及び質疑応答を行い、審査結果に対する合意をする[7]。

(3) 第二段階

　第二段階の目的は、「組織が自ら定めた基本方針、目的、及び手順を遵守していることを確認すること、及び当該ISMSがISO/IEC 27001のすべての要求事項に適合していること、並びに当該ISMSが組織の基本方針及び目的を実現しつつあることを確認すること」である。

　第二段階は、第一段階で確認した「仕組み」が「実行され、運用されている」こと確認をするため、ISMS事務局の活動状況確認、及び現場の責任者に

---

7) 審査結果に「不適合」があった場合には、是正(再発防止)しなければ認証を得られないため、審査チームは受審組織に対し不適合の存在を認め是正することを条件に認証機関へ認証授与の推薦を行う。このため、受信組織の責任者と審査チームリーダーが審査結果に合意したという記録が必要になる。

対するインタビューと現場のISMS実施状況確認が主体となる。

　ISMS事務局は、審査スケジュールが確定した時点で、審査対象部門に審査日程を伝え、必要な準備を行うよう伝える。

　審査対象部門は、審査員に協力し、インタビューへの回答、証拠となる記録の提示、コンピュータ操作の実演、文書や記録の保管状況の開示などを行う。審査妨害と受け取られないように、必要な資料類はあらかじめ所在を確認し、審査員からの要望に基づいて迅速に提出できるようにしておく（審査妨害が認められた場合は審査の打ち切りとなる可能性がある）。

　審査は一般に以下の手順で行われる。通常、第二段階では審査メンバーが増えるため、第一段階で行った手順が繰り返される部分がある。

① 　初回会議

　トップマネジメントと事務局及びISMS運用責任者などを対象に、審査の目的、組織の登録申請内容、審査活動の要点、審査スケジュールなどの確認と質疑応答を行い、審査開始の準備を行う。

② 　トップインタビュー

　第一段階に記載した内容と同じで、第一段階で行うか第二段階で行うか認証機関と相談のうえで決定する。

③ 　組織内見学（サイトツアー）

　職場環境や入退室管理など組織について概況を確認する。

④ 　審査実施

　インタビューと文書類を確認する（証拠の収集）。

⑤ 　審査チーム会議

　審査意見を形成する。

⑥ 　日ごと会議

　審査が複数日にわたる場合、日々の審査結果を事務局に伝える。

⑦ 　終了会議

　トップマネジメント（不在の場合権限委譲された者が出席）と事務局及びISMS運用責任者が出席し、審査結果の伝達と確認及び質疑応答を行う。不適合が指摘された場合、トップマネジメントはその是正に同意する必要があるが、どうしてもその不適合に同意できない場合は、認証機関に不服申立てをすることもできる。ただし、不服申立てが認められない場合は、認証を取得できない

場合もあるので注意が必要である。

(4)　不適合の是正計画及び是正報告書

　審査で不適合が検出された場合、一定期間内に是正計画、是正報告を提出する。是正内容によっては部分的又は全面的な再審査が行われる場合もある。是正の取扱いは認証機関によって異なるため、申請時に十分な確認をしておく必要がある。

(5)　認証の登録

　審査で審査員が出す結論は、「①認証の推薦、②条件付き認証の推薦」である。認証を決定するのは認証機関の判定会議と呼ばれる機能であり、審査員には直接認証の合否判定を行う権限はない。①の認証の推薦の場合は、そのまま審査報告書が判定会議に回されるが、②の条件付き認証の推薦では、前項の是正が行われることが推薦の条件となる。

　判定会議は、認証機関のなかで行われる認証審査結果を最終的に判定する会議で、当該会議で審査報告書が適正であると判定された場合、認証の登録が行われる。

　認証の登録は、契約した認証機関に対して行われるが、その情報は認証機関を認定した ISMA-AC（又は JAB）にも報告され、登録内容がウェブサイトで公表される。したがって、認証機関に登録する内容は、組織がどのような ISMS を実施しているかが利害関係者に伝わるようにすることが望ましい。ただし、組織の希望によって、登録内容のどこまでを公表するか（若しくはしないか）を決めることができる。

9.4　ISMS 認証取得後の対応

　ISMS 認証を取得したら、認証取得の目的に従って、以下のように認証の事実を公表したり、認証マークを利用したりして組織の信用を高めるようにする。

①　認証登録証を受領し組織内に掲示する。また、ISMS 適用範囲の従業者の名刺に認証マークを使用することができるので、必要に応じて認証マークを名刺に印刷する。ただし、部分的認証の場合には、自組織の中であっ

ても認証範囲の外の部署に認証登録証を掲示したり、認証範囲の外の部署に所属する要員の名刺に印刷したりしてはならない。

② 組織のISMSの目的に合致する場合、内外の利害関係者にISMS認証取得を公表する。

ただし、認証の事実を公表したり、認証マークを利用したりする場合、以下の事項に留意し、不正な使用を行わないように注意する。

認証の目的は、**9.3節**の冒頭で述べたように、「組織のISMSが規格要求事項を満たしているという信頼を与えること」であるため、認証の誤った使用は認証制度に重大な影響を与える。

したがって、認証マークの不正使用(製品への認証マーク貼付、ISMS適用範囲外の部門の名刺への認証マーク使用、製品やサービスのパンフレット等への認証マーク使用など)や、ISMS認証登録証の不正使用(無断コピーの作成と掲示、ISMS適用範囲外のサイトやエリアへの掲示など)は厳に慎まなくてはならない。認証マークやISMS認証登録証の不正使用は、ISMS認証の停止や取消しの要件ともなるので注意が必要である。

参 考 文 献

［１］　日本産業標準審議会(審議):『ISO/IEC 27001：2022(JIS Q 27001：2023)情報セキュリティ、サイバーセキュリティ及びプライバシー保護—情報セキュリティマネジメントシステム—要求事項』、日本規格協会、2023 年

［２］　日本規格協会(翻訳):『ISO/IEC 27002：2022 情報セキュリティ、サイバーセキュリティ及びプライバシー保護—情報セキュリティ管理策』、日本規格協会、2022 年

［３］　日本工業標準審議会(審議):『JIS Q 27000：2019 情報技術—セキュリティ技術—情報セキュリティマネジメントシステム—用語』、日本規格協会、2019 年

［４］　日本工業標準審議会(審議):『JIS Q 31000：2019(ISO 31000：2018)リスクマネジメント—指針』、日本規格協会、2019 年

［５］　日本工業標準審議会(審議):『JIS Q 0073：2010(ISO Guide 73：2009)リスクマネジメント—用語』、日本規格協会、2010 年　．

［６］　日本規格協会:「(対訳)統合版 ISO 補足指針—ISO 専用手順」、『ISO/IEC 専門業務用指針第 1 部附属書 SL 第 4 版』、2022 年

［７］　総務省:「国民のための情報セキュリティサイト」、2022 年
（https://www.soumu.go.jp/main_sosiki/joho_tsusin/security/basic/legal/index.html）

［８］　日本情報処理開発協会:「法規適合性に関する ISMS ユーザーズガイド」、2009 年
（https://www.jipdec.or.jp/library/smpo_doc.html#11）

［９］　総務省:『平成 19 年版情報通信白書』
（http://www.soumu.go.jp/johotsusintokei/whitepaper/）

［10］　内閣府:「Society 5.0」
（https://www8.cao.go.jp/cstp/society5_0/index.html）

［11］　後藤大地:「世界中のサプライチェーンに影響するサイバー攻撃確認、今後さらに増加も」、『IT メディア』、2020 年 12 月 15 日
（https://www.itmedia.co.jp/enterprise/articles/2012/15/news079.html）

［12］　後藤大地:「IT メディア記事一覧」、『IT メディア』
（https://www.itmedia.co.jp/author/192211/）

［13］　メアリ＝アン・ラッソン:「米石油パイプラインにサイバー攻撃、燃料不足の懸念　データ「人質」の犯罪集団」、『BBC NEWS JAPAN』、2021 年 5 月 10 日
（https://www.bbc.com/japanese/57052827）

参考文献

［14］　警察庁：「令和 4 年におけるサイバー空間をめぐる脅威の情勢等について」、
　　　図表 20、2023 年 3 月 16 日
　　　(https://www.npa.go.jp/publications/statistics/cybersecurity/index.html)

索　引

■著者紹介

羽田　卓郎（はねだ　たくろう）

【略歴】

1970 年　昭和石油㈱（現：出光興産㈱）：販売企画

1990 年　シェル・サービス・インターナショナル㈱：情報セキュリティ GM

2002 年　INSI㈱　技術部長兼執行役員

2003 年　リコー・ヒューマン・クリエイツ㈱：リコー情報セキュリティ研究セン
　　　　ター副所長兼コンサルティング部長

2012 年〜2018 年 9 月　リコージャパン㈱　エグゼクティブ・コンサルタント

2018 年 10 月〜現在　「羽田情報セキュリティ研究所」を開業

【保有資格と活動】

　ISO/IEC 27001 主任審査員＆ ISMS クラウドセキュリティ審査員、JNSA- 日本
ISMS ユーザーグループ研究会、ISO/IEC TMB JTC1 SC27 WG1（情報処理学会 情
報規格調査会 27000 シリーズ規格標準化作業グループ）リエゾンメンバー他

　ISO/IEC 27001（ISMS）認証取得支援、ISMS 運用・強化支援、ISO/IEC 27001 審
査員研修主任講師、ISO 22301（BCMS）認証取得支援、BCP 策定支援、ISMS 及び
BCP 関連各種研修講師、ISMS 及び BCP のセミナー・講演多数

【著作】

　『個人情報保護法と企業対応』（共著、清文社）、『ISO 22301 で構築する事業継続マ
ネジメントシステム』（共著、日科技連出版社）、『ISO/IEC 27001 情報セキュリティ
マネジメントシステム(ISMS)規格要求事項の徹底解説【第 2 版】』（共著、日科技連出
版社）、『ISO/IEC 27001 情報セキュリティマネジメントシステム(ISMS)内部監査の
実務と応用【第 2 版】』（共著、日科技連出版社、2024 年刊行予定）、『ISO/IEC 27017
クラウドセキュリティ管理策と実践の徹底解説』（共著、日科技連出版社）

ISO/IEC 27001 情報セキュリティマネジメントシステム(ISMS)構築・運用の実践【第2版】

2014 年 6 月 22 日　　第 1 版第 1 刷発行
2021 年 12 月 7 日　　第 1 版第 9 刷発行
2024 年 1 月 28 日　　第 2 版第 1 刷発行

著　者　羽　田　卓　郎

発行人　戸　羽　節　文

検　印
省　略

発行所　株式会社　日科技連出版社
〒 151-0051　東京都渋谷区千駄ヶ谷 5-15-5
DSビル
電　話　出版　03-5379-1244
営業　03-5379-1238

Printed in Japan

印刷・製本　三秀舎

ⓒ *Takuroh Haneda 2014, 2024*

ISBN 978-4-8171-9784-9

URL　https://www.juse-p.co.jp/